认识海洋·中国海洋意识教育丛书

●总主编/盖广生

海洋宝库

青岛出版集团 | 青岛出版社

认识海洋·中国海洋意识教育丛书

编委会

总 主 编　盖广生

本册主编　肖永双（中国科学院海洋研究所）

编　　委　马继坤　马璀艳　田　娟　刘长琳

　　　　　邵长伟　肖永双　胡自民　姜　鹏

　　　　　徐永江　王艳娥　孙雪松　王迎春

　　　　　康翠苹　郗国萍　崔　颖　丁　雪

PREFACE 前言

　　海洋比陆地更宽广，覆盖着 70% 以上的地球表面积，容纳着地球上最深的地方，见证着沧海桑田的变迁，对地球生态系统的平衡和人类的发展有着不容忽视的影响力。因此，认识海洋、掌握海洋知识显得尤为重要。本套《认识海洋》科普丛书旨在向青少年普及基本的海洋知识，激发青少年对海洋的热爱和探索之情，让青少年树立热爱海洋、保护海洋的意识。

　　《认识海洋》科普丛书共有 12 个分册，分门别类地对海洋进行了全面、系统的介绍。本丛书通俗易懂、图文并茂，实现了精神食粮和视觉盛宴的完美结合。本丛书内的《回澜·拾贝》栏目则是对知识点的拓展和延伸，在进一步诠释主题、丰富读者知识储备的同时，提升读者的阅读趣味，使读者兴致盎然。

　　打开《海洋宝库》，你就拥有了探寻海洋珍宝的图卷。它让你在品味令人垂涎的海产品的同时，还能发现潮汐、海水温差潜在的能量；它会带你潜入海底，体验别具风情的餐厅，开发价值连城的矿产；它还会向你展示凝聚着人们智慧和汗水的人工岛、规模空前的海上桥梁、魅力独特的海底隧道……海洋的丰饶和壮美，尽在其中。

　　浩瀚的海，壮阔的洋，自由的梦。让我们一起走进美妙的海洋世界，学习海洋知识，感受海洋魅力，珍惜海洋生物，维护海洋生态平衡，用实际行动保护海洋。

CONTENTS 目录

CONTENTS 目录

美丽富饶的海洋

海洋美丽富饶，储藏着丰富多样的宝贵财富。这个巨大的资源宝库，用宽广的胸怀为地球作着贡献，将食物、能源慷慨地赐予人类，推动着社会不断进步。

广阔神秘的海洋

　　早在地球上出现人类之前，海洋就孕育着万千生物，用自己博大的胸怀和丰富的资源作着无私的奉献。这个生命的守护者储藏着很多宝贵的财富。随着人类科技的进步，这些财富一一展现在我们的眼前。

海洋的馈赠

　　海洋在人们心中，或神奇美丽，或变幻莫测，或波涛汹涌，或宁静壮观……随风而起的波浪、游来游去的鱼群、形态各异的海岛、阳光普照的沙滩都是海洋送给我们的珍贵礼物。没有人知道广阔的海洋究竟还会给我们多少惊喜。

无言的守护者

　　海洋是地球水资源循环的源头，掌握着地球水循环系统的命脉，肩负着呵护万千生物繁衍生息的任务。此外，它还扮演着气候调节师的重要角色，在给予地球生物充分关怀的同时，也为地球家园创造着更为舒适的环境。从生命诞生之日起，海洋就像一位无言的守护者，庇佑着一个个鲜活的生命。

资源宝库

广阔的海洋是一个巨大的资源宝库，拥有种类繁多的生物资源、储量丰富的矿物资源和宝贵的药物资源等。人类在这个巨大的资源宝库中发现了无数的宝藏，这些宝藏被广泛应用于人类的生产和生活中。我们相信，在科技逐渐进步和发展的将来，会有更多的资源被开发、利用。

海洋的隐忧

对于海洋而言，人类文明的进步在某种程度上对其是一种伤害：越来越多的海洋资源被无节制地开发，海洋污染状况愈发突出，海洋生态平衡遭到较严重的破坏。无论是哪一种伤害，代价都无法估量。因此，我们应该树立保护海洋的意识，从身边的小事做起，用实际行动保护海洋。

回澜·拾贝

温差 海洋温度会随海水深度的增加而降低。这种温差对海洋生物的栖息以及生物多样性的分布具有重要影响。

优势 海洋资源比陆地资源丰富，但目前大部分还没有得到开发和利用，因此海洋具有广阔的可开发空间。

灭绝 近年来，随着海洋生态环境的恶化，一些海洋生物已经灭绝或正濒临灭绝。如果这些污染问题再得不到解决，很多珍稀的海洋生物将会从地球上消失。

海的礼物

海洋中的珍贵资源像礼物，让人类欣喜若狂。海洋为人类送上多种多样的资源。人类依靠海洋的馈赠，不仅获得了食物、矿产，还获得了能量，世界也因这种馈赠而更加繁荣。

生物资源

美丽的海洋是一个丰富的生物资源库，万千生物在这里繁衍生息。包括海洋动物、海洋植物在内的海洋生物自古以来就是人类重要的食物来源。色香味俱佳的海产品营养价值丰富，深受人类的喜爱。

能源资源

　　与人类息息相关的海洋还蕴藏着非常丰富的能源。每一朵盛开的浪花都凝聚着能量。人类发挥智慧才能，用海浪、潮汐和海流中蕴藏的能量创造出了宝贵的财富。海洋动力发电作为可再生的环保发电模式已经成功开启，并且有望成为未来被广泛运用的新型发电方式之一。

矿产资源

　　广阔的海洋中，矿产资源储量非常丰富。海洋中不仅有陆地上已有的矿产，还有很多陆地上没有的稀有矿藏。海洋里的石油和天然气资源储量接近世界可开采量的50%。此外，煤、铁、砂矿、热液矿藏、可燃冰等矿产在海洋资源储备库中也十分丰富。可是，受科技水平的限制，人类对海洋矿产的探索还不够充分。

空间资源

　　海洋具有广阔的发展空间。随着人口的急剧膨胀，陆地上的空间资源已经越来越紧张。因此，人类萌发了向广阔的海洋进军的想法。于是，围海造田、围海造陆相继兴起。现在，世界上很多人工岛和人工港口已成为蔚蓝大海上一道道靓丽的风景。

医药资源

　　海洋被称作"人类的天然药箱"，是因为海洋中有很多具有药用价值的海洋生物，这些海洋生物的体内含有珍贵的药物成分。中国古代就有海洋生物入药的历史文献记载，海参、鲍鱼就是名贵的药材。种类繁多的海洋药材发掘潜力巨大，人们期待海洋给世界医药业带来曙光。

回澜·拾贝

　　海流　海流在运转的过程中不仅能够输送热量、营养盐，而且承载着很多浮游生物。这些浮游生物影响着鱼类的繁衍生息。

　　棕榈岛　位于迪拜的棕榈岛是世界上最大的人工岛之一。它是世界富豪云集的奢华之地，岛上设施完备，堪称人工岛的典范。

　　海洋药品分类　目前，海洋药品主要分为心脑血管药品、抗癌药品、抗微生物感染药品、愈合伤口和保健药品五大类。

PART 2

海洋的馈赠

　　海水蕴藏的能量推动涡轮机转动，转化为电能；海水作为天然鱼塘，为人类提供丰富的海产品；海上航线将世界各大洲联系起来，促进全球经济的发展……海洋的馈赠改善了人类的生活，让世界更加繁荣。

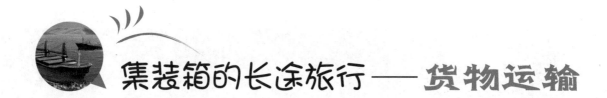

集装箱的长途旅行——货物运输

海洋货物运输是人类货物运输的重要组成部分。与航空运输相比，海洋货物运输不仅出现时间较早，而且具有成本低、运输量大等优点。对距离较远的运输来说，海洋运输是一种既经济又科学的运输方式。如今，经济全球化使海洋货物运输的重要性越来越突出。

早期船舶的应用

早在春秋战国时期，木板船就已经在中国被广泛应用于运输和战事。这种船虽然简陋，但能快速实现粮草和后续兵力的补给，因此在当时被深受喜爱。古埃及人受尼罗河文化的影响，发明了风帆船。这种船航行能力较强，成了地区间贸易的主要工具。

风帆船

海运贸易的发展

公元前4000年—前2000年，地中海沿岸的一些国家为了发展经济，大力发展航海事业，其中以迦太基、腓尼基最有名。这些国家不仅在很多海岸建立了贸易站，还控制了地中海水域的主要航线，进而垄断了这部分区域的海上贸易。此外，古希腊和古罗马也不甘落后，运输粮食和货物的船只往来频繁。明代时，中国的航海贸易得到前所未有的发展，郑和下西洋就是一个典型的例子。

干散货船

多样的运输船舶

为了适应不同的运输需要，越来越多的新型运输船诞生。现在，我们可以看到不同类型、不同大小的专业运输船往来于各大海洋之间。它们有用于运输煤炭、矿砂、钢铁、粮食等散装物资的干散货船，有专门载运液体货物的油船、液化气船，有用于运输易腐货物的冷藏船，还有装卸效率非常高的集装箱船、滚装船等。

海运的繁荣

15—17世纪，欧洲国家受淘金热的影响，开始拓展海上航线。地理大发现时代的到来让一些国家成为海上强国，世界市场在此基础上逐渐形成，航海运输进入前所未有的繁荣时期。自此，航海运输成为远距离运输的主要方式。进入20世纪以后，造船工业的科技水平不断提高，用于装载货物的集装箱船、油船和保证运输的破冰船开始频繁出现在各个大洋中。

油船

集装箱运输

集装箱运输是海洋运输中一种比较现代的运输方式，能够有效提高货物运输的效率，促进海洋运输的机械化、自动化。集装箱最早出现于工业发达的英国。19世纪中期，英国出现了一种带活动框架的载货工具，主要用于运输棉纱等纺织品，这就是集装箱的雏形。20世纪初，英国铁路运输最先开始使用集装箱。随后，这种便捷高效的运输工具传到世界，并被广泛应用于海洋运输。

运输霸主

海洋运输是世界货物运输业中的霸主，凭借成本低和运输量大的优势，稳坐国际货物运输冠军的宝座。据统计，海洋运输总量几乎占国际货物运输总量的2/3，而中国进出口货运总量更是有近90%来自海洋运输。随着经济全球化的程度进一步提高，海洋运输还会有更大的发展空间。

海运的缺点

虽然海洋运输是世界物流体系的重要组成部分，但是海洋运输的风险却无处不在：突发的海洋灾害有可能在很短的时间内给运输船造成不可估量的损失；猖獗的海盗也是航海运输的一大威胁。此外，海洋运输速度比较慢，往往影响货物的及时到达。

海运科技　近年来，随着科学技术的发展，用于海洋运输的船舶开始更多地融入科技元素，尤其是计算机在船舶航行、遇险应急处理机制上的应用越来越广泛。

海上航线　海上航线是国际经济交流的重要命脉，与海洋运输关系密切。

港口　港口是海洋运输的重要中转站，被看作国际物流的枢纽。

漂洋过海的客轮——旅客运输

伴随海洋运输业的兴起，海洋旅客运输逐渐发展起来。在航空客运繁荣之前，客轮是人们远距离尤其是跨洋出行的主要交通工具。因此，在相当长的一段时间内，海洋客运是世界客运领域中的佼佼者。进入21世纪以来，受航空、铁路等运输方式的冲击，海洋客运逐渐衰落。

海洋客运的分类

按照航行距离的远近，海洋客运可分为沿海客运和远洋客运。通常情况下，远洋客运的船舶要求比较高。远洋客轮的排水量一般大于1万吨，因为只有这样才能保证长途航行的顺利。此外，客轮的舒适程度、生活设施的配备以及危险应急处理等都是远洋客运所要考虑的因素。

客轮的特点

因为运输性质的不同，客轮在船体外观和内部构造上与其他海船有着明显的区别。客轮的身形又高又长，船上还分布着可以向外观望的小窗。甲板上层的旅客舱室要有良好的采光、照明、空气流通设备，还要有完善的安全自救设备。此外，客轮的隔音、减震等舒适性要求也不容忽视。

观光旅游

与飞机相比，虽然客轮的票价低廉，但是追求省时快捷的人们渐渐对其失去了兴趣。现在，海洋客运更多地成为一种休闲娱乐的观光方式。

客轮中的先驱者

"大东方"号客轮长211米、宽25米，排水量达3.2万多吨，是一艘用螺旋桨和风帆共同推进的新型客轮，可载4000名乘客。因为独特的设计、豪华的装修和巨大的体形，它成为客轮发展的奠基者。由于亏损严重，它最终被廉价拍卖，改装成敷设海底电缆的布缆船。虽然这艘客轮的结局有些凄凉，但它的意义是非凡的。

"大东方"号客轮模型

回澜·拾贝

"毛里塔尼亚"号　是历史上首次使用蒸汽轮机代替往复式蒸汽机的轮船，在船舶发展史上具有重要地位。

邮轮　原意是指海洋上定线、定期航行的大型客运轮船，由于担负着邮递跨洋信件和包裹的任务，因此被称为"邮轮"。

潮汐和潮流的贡献 —— 潮汐发电

宽广浩瀚的海洋蕴含着很多资源，其中储量最多、应用最广泛的是海水资源。人类运用智慧从海水中获取了多种可再生能源，潮汐能就是其中之一。这种伴随海水潮汐运动产生的能量对人类的生产和生活有很大的帮助。潮汐能源的开发利用可能给未来科技带来一场新的变革。

潮汐能

太阳、月亮和地球之间存在着引力，再加上地球还会自转，这些因素综合起来会使海洋的水位发生周期性变化。人们习惯上把海水垂直方向的涨落称为"潮汐"，把海水在水平方向的流动称为"潮流"。潮汐能就是潮汐和潮流产生的能量。作为可再生能源的一种，潮汐能不仅无污染，而且可以再生。

应用历史

早在1000多年前，人类就已经认识到潮汐能的重要性，并将它用于生产和生活领域。唐朝时，中国东南沿海一带出现了利用潮汐能推磨的小作坊。11—12世纪，英、法等国也出现了潮汐能磨坊，用来研磨谷物。20世纪，在经历科技革命以后，潮汐能的利用潜力被进一步挖掘，被用来发电。

法国比尔洛潮汐磨坊遗迹

潮汐发电

潮汐发电是人类利用潮汐能源的主要方式之一。与风能、太阳能发电相比，潮汐能更容易预测，而且有很多未知的开发空间。

潮汐发电主要有两种形式：一种是成本比较低廉的涡轮机发电，另一种是造价较高的建坝发电。相比之下，后者对环境的影响较大。

潮汐发电站

潮汐发电站是一种新型的水力发电站。在具备潮汐发电条件的海域顺应地势修建水库，当海水上涨时，水库蓄满水；海水下落时，会与水库内的蓄水形成一定的潮差。利用这种潮差，发电机组就会被驱动，从而产生电力。1913年，世界上第一座潮汐发电站在德国建成，标志着人类对潮汐能源的利用进入一个崭新的阶段。

洋流涡轮机

回澜·拾贝

江厦潮汐电站 位于浙江省境内，是中国第一座双向潮汐电站，于20世纪80年代投产使用，是当时中国装机容量最大的潮汐电站。

蕴藏量 根据不完全统计，中国潮汐能的蕴藏量为1.1亿千瓦左右，其中可利用开发的大约为3800万千瓦。

潜力 潮汐虽然有巨大的能量储备，但是还没有被广泛开发，所以具有相当大的开发潜力。

第一座潮汐发电站 1966年，世界上第一座具有商业价值的潮汐发电站在法国的朗斯湾建成。

江厦潮汐电站

太阳和大海的礼物——海水温差发电

除了潮汐能，海洋这个大宝库还蕴藏着其他能源，海水温差能就是重要的一种。这种利用表层海水与深层海水的温差进行动力转换进而发电的方式，就是海水温差发电。温差能与潮汐能一样，也是可再生能源，有很大的利用和发展空间。

海水温差能

海洋是世界上最大的太阳能收集器、储存器。因为海水深度的差异，不同深度的海水获取太阳能的程度有很大差别，进而导致不同深度的海水温度不同。根据科学研究，低于海平面200米的区域，阳光几乎无法到达。也就是说，海水越深，温度就越低。表层海水与深层海水之间的温度差异进行能量转换以后，就是海水温差能。

海水温差发电原理

海水温差发电遵循的主要是热量交换的原理。热交换器中有一种沸点很低的工作流体，当交换器抽取表层温度较高的海水时，原本储存在交换器中的工作流体就会汽化。这时，在蒸汽动力的作用下，发电机就会产生电力。然后，汽化的工作流体在另一个交换器中利用温度较低的深层海水降温，从而回归液态，完成一次循环。

利用现状

海水温差能源利用对科技水平要求较高，而且需要雄厚的资金支持。1930年，克劳德在古巴的海滨建立了世界上第一座海水温差发电站。从这以后，其他人才逐渐认识到这项能源的优势。在所有利用海水温差能的国家中，美国和日本的技术较先进，取得的成果也较显著。

广阔前景

许多热带和亚热带的海域，因为纬度因素的影响，海水垂直温差能达到20℃。从理论上来讲，如果利用这些温差能源进行热力转换，可以产生大约20亿千瓦的电能。这对于能源紧缺的地球来说是一个非常具有诱惑力的数字。且不说它可以再生，单从保护环境的角度来看，它就已经胜过火力发电方式。

冷水管 冷水管是海水温差发电技术中关键的一部分，只有保证它能到达海平面以下1000米的深处，并抽取足量的深海水，才能实现温差发电。

海水淡化 海水温差发电还具有淡化海水的功能，可以用来补充工业用水和饮用水的供给。

海水温差电站构想图

就地取材的清洁能源——海浪能

人类很早以前就希望通过自己的智慧征服广阔的海洋。可是，很多人在与海浪的抗争中失去了宝贵的生命。面对滔天巨浪，人类显得是如此渺小和脆弱。然而，就是这些看似危险的海浪，却能给人类带来新型能源。

海浪的形成

海浪的形成与风息息相关。受太阳辐射不均匀、地壳冷却以及地球自转等因素的影响，海面上会形成各种级别的风。海风吹过海面，有时海面上会形成海浪。因为人们无法确定风的时间和地点，所以海浪是没有规律、缺乏稳定性的。海浪有大有小，大的海浪还会给人类造成不可估量的损失。

海浪能

波浪运动蕴藏着巨大的动能。只要有效利用这些动能，人们就可以将其转换成电能。海浪发电是波浪能源利用的主要方式之一。不过，虽然海浪能源在很多海域很丰富，但是其利用难度很大。以现在的技术，只有在近海区，海浪能才会被有效利用。

能源利用

在英国沿海、美国西海岸、新西兰南部沿海以及中国的东南沿海等地区，海浪能源十分丰富。据统计，全世界有上万座小型海浪能发电装置。这些采集海浪能源的装置大致分为两种：一种是采集系统，一种是转换系统。大部分海浪发电装置主要采用的是采集系统中的震荡水柱技术。

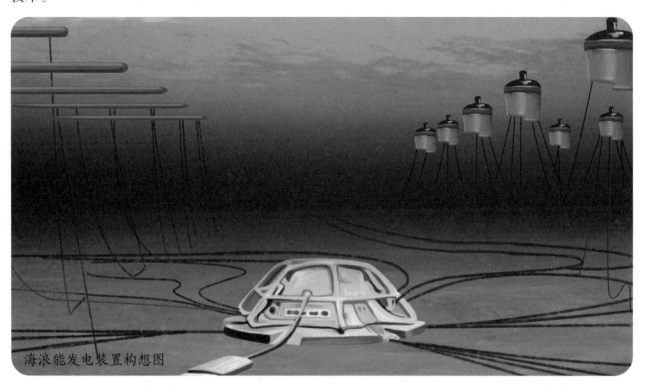

海浪能发电装置构想图

中国海浪发电的现状

与一些欧洲国家相比，中国的海浪发电起步较晚，但是技术发展却很迅速，尤其是一些小型的岸式海浪发电技术十分先进。

发明家的乐园　据统计，全世界海浪能源机械设计装置有上千种，因此海浪能源利用领域也被称为"发明家的乐园"。

可再生能源　海浪是一种分布面广、能量密度高的可再生清洁能源。

淡水资源获取新途径——海水淡化

进入21世纪以来，世界经济得到迅速发展，但由于人口不断膨胀，自然环境遭到严重破坏，许多地区淡水资源短缺，已经成为急需解决的问题。于是，人类理所当然地将目光投向了地球水库——海洋。

后备补养库

海洋的面积约占地球表面积的70％。太平洋、大西洋、印度洋、北冰洋将地球包裹，而大陆就像形形色色的小船漂浮在它们的身上。丰富的海水资源养育着万千海洋生物，也让地球有了后备补养库。

可用淡水资源危机

水资源是地球上最宝贵的财富之一，也是人类发展和生物生长的重要保障。随着人口增多和工业发展，人类对水资源的需求量越来越大，但地球上的水资源有限，过度使用和污染等问题让可用淡水资源更显珍贵，有些地区的地下水几乎枯竭。为了缓解这一现状，我们应该节约用水，并且探索补充淡水资源的新途径。

海水淡化

　　海水淡化是一种将海水中的多余盐分和矿物质去掉从而得到淡水的技术。通过这种方式，人类可以获得饮用水和农业用水。为了发展海水淡化技术，缓解饮水危机，世界上很多国家设立了海水淡化的科研机构。一些大型海水淡化厂也应运而生。

海水淡化现状

　　海水淡化需要大量的能源和资金支持，欠发达国家通常会望而却步。海水淡化之所以在部分中东国家比较突出，缘于其干旱的气候。当然，发达的经济也是其发展海水淡化的重要基础和保障。

　　技术　逆渗透和多级闪蒸是海水淡化的主要方式。
　　发展　中国海水淡化技术起步较早，技术进步快速且日趋成熟，已成为世界上少数几个攻克并全面掌握反渗透法和蒸馏法两大主流海水淡化技术的国家之一。

定向利用海洋生物资源的途径——海水养殖

在世界部分沿海区域，海水养殖业相当繁荣。这种有效利用海洋水资源的方式不仅可以促进当地经济的发展，还能在一定程度上缓解海洋生物被过度捕捞的现状，使海洋生物得以休养生息，保证海洋生态系统的良性循环。

海水养殖

海水养殖在中国有着悠久的历史。根据史料记载，汉朝时沿海地区的人们就已经学会利用海水养殖牡蛎。现在，人们已将海水养殖的范围扩大到浅海、滩涂、港湾、围塘等海域。人们通过海水养殖可食鱼类、虾、蟹、贝类和海藻等海洋生物获得相应的经济价值。

养殖对象

虽然海洋为人类提供了广阔的养殖空间，但如果无法合理利用，那么势必造成浪费，所以养殖什么种类、如何进行科学养殖就显得尤为重要。人们通常选择生产周期较短的鱼类、虾、蟹、贝类以及藻类等进行养殖，因为它们的单位面积产量高，技术要求较低，而且市场价格相对合理。在养殖过程中，人们会根据养殖种类的不同采取不同的养殖方式，以提高产量。

海水养殖大国

中国、挪威、印度尼西亚、智利等是世界公认的海水养殖大国。虽然这些国家中有的国土面积比较小，但是成熟的养殖技术、合理的养殖规范使它们迅速跻身海水养殖大国的行列。

中国海水养殖的现状

中国是世界上主要的渔业生产国，也是海水养殖产量超过海洋捕捞量的国家。因为具有较长的海岸线和得天独厚的养殖条件，中国的海水养殖业取得了较大成就。近年来，中国海水养殖业飞速发展，已经成为中国海洋经济的重要增长点。

回澜·拾贝

必要性 现在耕地资源日益紧缺，粮食生产更是面临诸多问题。发展海水养殖业可以减轻潜在的粮食危机压力，改善人们的食品结构。

污染 海水是海洋生物生存的载体，可是近年来海洋环境污染严重，一些有毒物质有可能通过海水进入生物体内，进而对人类健康造成威胁。

隐患 有少部分不法渔民为了增加产量、获得较大经济利益，滥用抗生素、消毒剂等，使消费养殖海产品的人们的健康受到威胁。

缓解地球母亲的淡水危机
——生活和工业海水利用

与海洋能源利用相比，海水的直接利用对技术和成本没有那么高的要求，因而要简单许多。海水的直接利用在很大程度上缓解了人类的淡水资源危机，为人类的生活和工业用水带来了一定便利。

海水冲厕

为了节约水资源，很多国家和地区采取海水冲厕的方式，并取得很好的效果。香港是中国最先用海水冲厕的地区：海水首先经过滤去除相应的杂质，然后进行消毒，最后配备给各个水库供用户使用。海水冲厕充分降低了淡水的消耗，有利于日常淡水的供给得到保证。

海水除尘

为了达到既环保又节约淡水资源的目的，很多工厂改用海水除尘。生产单位在排放烟尘等污染物时，位于烟道除尘器上的喷嘴就会喷洒海水，使粉尘等污染物黏附在水珠上，可以有效保护大气环境。那些使用后的海水在经过科学处理后被重新排入大海。这些海水符合环保标准，不会危及海洋生物和海洋环境。

用水雾吸附粉尘

海水消防

　　火灾对人类生命和财产安全的危害非常大。一旦险情发生，若水源供应不充分，就可能造成难以想象的损失。现在，海水消防已经变成消防安全领域的新课题。取之不尽的海水通过大功率的消防泵、输水管和蓄水池被源源不断地输送到消防现场，对控制火情效果显著，尤其是大火灾发生时，效果更是立竿见影。

海水洗涤

　　海水在水产加工方面也有广阔的应用前景。如今，在世界很多地方，人们开始利用海水清洗水产品，尤其在海带的加工过程中，海水洗涤渐成市场主流。这种只需在烘干效率上有待提高的新技术，因可节约大量的淡水资源而备受推崇。海水洗涤对于海产品的生产具有重大的经济意义。

海水灌溉

人们在淡水资源日益匮乏的今天，逐渐意识到海水利用的重要性。为了缓解水资源危机，很多国家和地区正在尝试采用低盐度海水进行农业灌溉。如果沙质土地的排水良好，又有适宜的农作物，低盐度的海水灌溉不失为一种新选择。这种新型的灌溉方式可以用来浇灌耐盐碱的植物，比如具有保健功效的碱蓬就可以利用海水灌溉。

回澜·拾贝

海水消防 在海水消防还没有被推广的时候，消防车一般用消防栓加水，受压力等因素的限制，加水速度缓慢。海水消防的效率则要高很多。

沉淀池 在海水除尘的过程中，被分离的污染杂物和海水会一同流入沉淀池，在沉淀池完成沉淀以后，海水洁净度才会提高。

海水人造冰 一些渔业公司在掌握海水的特性以后，开始利用海水制作人造冰。这种冰对于海产品的保鲜具有很好的效果。

人类丰富的食品厂

海洋是人类丰富的食品厂，将各种美味的海鲜赐予人类。
著名的"鲍参翅肚"，丰富多样的海鱼，味道鲜美的虾蟹……
这些美味的海鲜丰富了人们的餐桌，体现了海洋的慷慨。

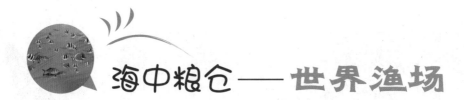

海中粮仓——世界渔场

海洋是生命的摇篮，不仅孕育着万千海洋生物，还哺育着人类。海洋里分布着很多资源丰富的渔场。它们是海洋赐予人类的天然鱼塘，能够为人们提供美味的海鲜，并带来巨大的经济效益。

渔场形成的原因

阳光充足的大陆架海域是世界渔场的主要集中区。那里光照充足，海水温暖，浮游生物和营养盐丰富，吸引了大量的鱼类、虾类、贝类等生长繁殖，于是形成了资源丰富的渔场。

世界渔场分布

世界上大部分渔场分布在温带海域，因为温带季节变化明显，海水在温度显著变化之后会发生垂直交换，这时海底丰富的饵料就会上浮，海域就会变成鱼类的餐厅。温带恰好又是寒暖流交汇的地方，饵料丰富，吸引着鱼群。

北海道渔场

千岛寒流和黑潮会定期光顾日本的北海道渔场。它们在北海道附近海域交汇，使海水发生垂直运动，进而为海洋上层鱼类带来丰富的饵料。作为世界著名的大渔场，北海道渔场盛产鲑鱼、狭鳕、太平洋鲱鱼、远东拟沙丁鱼、秋刀鱼等海洋鱼类。在众多海产鱼类里，鲑鱼凭借鲜美的肉质、丰富的营养价值成为日本人的宠儿。用鲑鱼做成的鱼片和各种料理已经成为北海道地区著名的美食。

纽芬兰渔场

15世纪末，意大利探险家约翰·卡伯特在寻找西北航线时意外地发现了纽芬兰渔场。从此以后，那个"踏着水中鳕鱼群的脊背就可以走上岸"的地方变成了人类的渔场。可是，经过几个世纪的过度捕捞，现在的纽芬兰渔场已经失去了往日的繁荣，渔业资源遭到严重破坏。

秘鲁渔场

　　深受秘鲁寒流眷顾的秘鲁渔场常年都有海风的吹拂。这使原本位于上层的海水偏离海岸，深层海水逐渐上泛，藏在深层的饵料和营养物质随之上涌，吸引了品种丰富的鱼类，其中经济鱼类就有800多种，如鳀鱼、凤尾鱼、鲲鱼等，为人们创造了巨大的经济效益。但是，随着全球气候的异常变化，秘鲁渔场海水的温度有所升高，使鱼类的生长和繁殖受到严重影响。

北海渔场

　　北海渔场是全世界四大渔场之一。因受北大西洋暖流与北极寒流交汇的影响，北海渔场水质优良，渔产丰富，盛产鲱鱼、鲭鱼、鳕鱼等，年捕获量占全世界的5%左右。

舟山渔场

　　作为中国最大的渔场，舟山渔场很久以来就是中国东南沿海渔民的重要捕捞作业区域。那里不仅光照充足，还有长江水流带来的大量营养盐。优越的地理、水文、生物等条件让它变成了多种鱼类栖息的乐园，成为中国大黄鱼、小黄鱼、带鱼以及墨鱼的主要产地。

条件　充足的光照、适宜的温度、寒暖流交汇等因素是渔场形成的主要条件。

休渔　为了保证渔场内的鱼种顺利繁殖，在捕捞季节过后，一些渔场会暂停捕捞，进入休渔期。

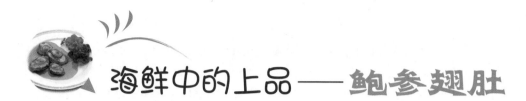

海鲜中的上品——鲍参翅肚

在人们对食物日益挑剔的今天，传统美食已经不能完全满足人类的需求。千百年来，海洋一直是人类寻找新食品的宝库。在不断的开发与实践中，人类在这个宝库里获取了大量珍贵的食材，其中尤以"鲍参翅肚"最为有名。不过随着社会的发展，人类对于一些奢华的食材又有了新的认识。

鲍鱼

鲍鱼并不是鱼，而是一种身带坚硬外壳的贝类。它们营养价值高，在人们心中占有重要地位。时至今日，它们不仅经常出现在宴会菜谱中，还变成了奢华的代名词。在中国，鲍鱼素有"包余"之意，象征用不尽的钱财。也正因如此，鲍鱼成为人们走访亲朋赠送的贵重礼品。

海参

被誉为"海中人参"的海参外表并不出众，滋补功效却能与人参相媲美。海参尽管具有良好的保健功效，但是被当作食品端上餐桌的历史并不悠久。大约在清朝乾隆时期，人们才逐渐兴起进食海参之风。

鱼 翅

　　过去，人们认为鱼翅含有丰富的营养成分，并且把鱼翅看作海鲜中的极品美味，为了获取鱼翅满足市场需求，捕杀了大量鲨鱼。据统计，全球每年大约有1亿只鲨鱼被捕杀。如果再这样下去，鲨鱼有可能面临灭绝的危险。幸运的是，随着环保意识的提高，人们逐渐认识到保护鲨鱼的重要性，降低了对鱼翅的需求，并尝试选用其他食材代替鱼翅。

鱼 肚

　　通常情况下，鱼肚是炖汤的良好材料。鱼肚实际上就是鱼鳔，作为中国传统的美食，一直身价不菲。鱼肚具有很高的食疗作用，尤其适合术后需要滋补的人群，因为它含有丰富的蛋白质。鱼肚之所以非常昂贵，是因为其烦琐的制作工艺。只有精细的制作工艺，才能完全去除鱼肚的腥味。

回澜·拾贝

　　再生　海参是非常神奇的动物，不仅能够随周围环境的变化改变体色，还能够吐出内脏逃生。另外，海参还有很强的再生能力。

　　佛跳墙　佛跳墙是一道中国著名的传统菜，发源于福州，鲍鱼、海参等是佛跳墙中重要的原料。

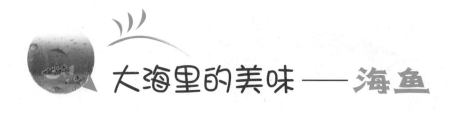

大海里的美味——海鱼

海洋生物千奇百怪，丰富多彩。在无数的海洋生物中，海洋鱼类因其肉质鲜美、营养丰富，深受大众的喜爱。以海鱼为原料烹制出的美味香气逼人，令人回味无穷。

河 鲀

河鲀俗称"河豚"，头腹肥大，在受到侵犯时能将大量的水和空气吸入胃中，使身体在短时间内膨胀到原来的几倍大，从而壮大声势，吓跑敌人。河鲀体内往往含有剧毒，一只河鲀体内的毒素有时足以危及30多人的生命，可见其毒性之强烈。即使如此，河鲀鲜美的肉质还是受到人们的追捧。

金枪鱼

　　金枪鱼含有大量的蛋白质，不仅营养价值高，还具有美容、保健等功效。金枪鱼家族中的蓝鳍金枪鱼被美食家们视为制作生鱼片的顶级食材，常被用来制作刺身和寿司等。近年来，为了避免蓝鳍金枪鱼出现灭绝的危险，很多地区已经将其列为濒危物种进行保护。

鲑 鱼

　　被称作"三文鱼"的鲑鱼是一种溯河性洄游鱼类，一生可谓充满传奇色彩。生于淡水长于海洋的它们在成熟以后会返回出生地繁育后代。但是，旅途漫漫，充满坎坷和波折的归程似乎永无尽头。在洄游途中有幸活下来的鲑鱼，从进入河道开始就会停止进食，直到产卵之后死去，鲑鱼肉质紧致且富有弹性，生熟皆可食用，是西餐中的名品。

鳕鱼

鳕鱼是全世界捕捞量最大的鱼类之一，盛产于西欧，是欧洲人非常喜爱的水产品。早在19世纪中期，鳕鱼就成为欧洲人的美食，而挪威更是将它们视为国宝。鳕鱼的脂肪含量较低，肉质细嫩，而且鱼刺较少，因此很受欢迎。除了鱼肉可直接食用，它们的肝脏还能提炼出富含大量维生素的鱼肝油。

秋刀鱼

秋刀鱼是太平洋北部温带海域的常住鱼类，因其在秋天肉质肥美而得名。外形细长的秋刀鱼体内含有大量的油脂。在日本，秋刀鱼是人们大都吃得起的料理，所以有人戏称它们为"平民美味"。与鱼肉相比，秋刀鱼的内脏略显清苦，但往往是美酒的完美搭档，深受男人们的喜爱。

鳗 鱼

外观与陆生蛇有些类似的鳗鱼也具有洄游的特性。不过，与鲑鱼不同的是它们生在海洋但长在河川。鳗鱼一生只产一次卵，产卵结束后生命就会终结。鳗鱼肉质细滑软嫩，富含不饱和脂肪酸，食用后有降低血脂、软化血管的功效。值得注意的是，鳗鱼体内含有微量毒性蛋白，生食易中毒。

鲳 鱼

鲳鱼是一种暖水性鱼类，全身覆盖着细小的鳞片，在阳光的照射下会发出亮晶晶的光泽，就像扁平的镜子，因而也被人们称为"镜鱼"。鲳鱼除可以养在水族箱里做观赏鱼外，还是一种独特的海产美味。它们体内富含蛋白质、不饱和脂肪酸和多种微量元素，鱼刺较少，肉质鲜美，用其做成的菜品鲜美无比，深受人们追捧。

石斑鱼

石斑鱼是一种暖水性鱼类，主要分布在印度洋和太平洋中的一些热带海域。它们体形庞大，身上布满花纹和斑点，比较凶猛，喜欢捕食小鱼、虾类、蟹类等。石斑鱼肉质鲜嫩，营养价值丰富，体内含有大量的虾青素和胶原蛋白，可以做成多种美味，是高档酒店里著名的食材。用石斑鱼做成的菜品既美味，又可以补充人体所需的营养物质，还具有延缓皮肤衰老、美容养颜的功效，深受人们喜爱。

鲅鱼

在中国山东一些沿海地区，素有"新女婿上门要送岳父母鲅鱼"的习俗，尤其在青岛，这个习俗已经有上百年的历史。鲅鱼不仅营养丰富，还具有平咳、补气和提神的保健作用。每年5—6月是鲅鱼最肥美的时候。这时，青岛、威海、大连等北方沿海城市的餐桌上常见香气四溢的鲅鱼佳肴。

鲈鱼

鲈鱼是生活在中国、朝鲜、日本等国家近岸浅海的一种鱼类，以肉质鲜美著称。中国古代很多文人墨客对鲈鱼赞不绝口，尤其是中国吴中松江府所产的四鳃鲈鱼，更被人们看作鲈鱼中的美味之王，被誉为"江南第一名菜"，曾深受乾隆皇帝喜爱。

黄花鱼

黄花鱼头中各有两颗坚硬的"石头"，叫"鱼脑石"，故黄花鱼又名"石首鱼"。黄花鱼含有大量蛋白质、微量元素和维生素，不仅有益于补肾健脑，还能促进人体对营养物质的消化和吸收。

回澜·拾贝

刺身 被称作"生鱼片"的刺身是把新鲜的鱼、贝类生切成片，并蘸取相应的佐料直接食用的菜品。

鲅鱼小吃 以鲅鱼为依托发展起来的小吃特别多。鲅鱼丸子、鲅鱼烩饼等特色小吃深受人们的喜爱。

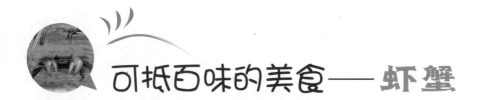

可抵百味的美食——虾蟹

除了多种多样的鱼类，海洋还盛产很多虾蟹，这些虾蟹也是鲜美的海味。拥有盔甲的它们也许在浩瀚的海洋里看起来有些渺小，但是在人类的餐桌上，其鲜美程度绝对不亚于那些肉质嫩滑的鱼类。

鲜美海虾

餐桌上常见的海虾主要有龙虾、对虾等。龙虾中最负盛名的要数澳大利亚龙虾，它们体大肥美，是亚洲餐桌上的高级海鲜。盛产于中国渤海、黄海海域的对虾，也是世界三大名虾之一。

在中国八大菜系中，海虾是一种重要的食材。红烧后的对虾色泽、口感俱佳，吃后口留余香，令人回味无穷。白菜炒大虾、油焖海虾等也是餐桌上的经典菜肴。在料理盛行的国家，肥美的虾肉还是良好的料理食材。

除了龙虾、对虾，还有一种海虾经常出现在我们的生活里，那就是海产毛虾。海产毛虾在经过晾晒和烘干后，就是我们常说的虾皮。

美味虾饺

你如果去广东，那么一定要品尝属于广州十大名点之一的虾饺。这是因为虾饺除了是当地的特色美味，还颇具观赏价值。设想一下：一个很小的蒸饺上有16道花纹，饺皮透亮，你几乎可以看到里面的虾肉……这种称得上雕刻品的艺术美食怎么能不让人食指大动呢？

美味螃蟹

在中国的用餐习俗中，螃蟹往往是压轴菜，因为中国有"螃蟹上席百味淡"之说。由此可知，螃蟹的魅力足以盖过其他美味。中国人常食用的海洋蟹类主要有3种，分别是花蟹、梭子蟹和青蟹。花蟹虽然美丽，但膏黄却很少；梭子蟹产量最大，是人们常吃到的海蟹；产于淡咸水交界处的青蟹，则是膏黄肥美的蟹类。

勇士吃出来的美食

据说，在富庶的鱼米之乡江苏，有一年迎来很多带壳的"不速之客"。这些凶神恶煞般的带壳动物经常闯进稻田偷吃粮食，有时还会伤人。治水英雄大禹于是派巴解前去寻找应对之法。后来，巴解命人挖了一条深沟，并在深沟内填满沸水，于是这些凶猛的带壳动物纷纷掉进沸水之中被烫死，并散发出一股诱人的香味。巴解细尝之后，觉得是人间美味，于是其他人也争相食用。为了纪念巴解的功德，这种带壳动物被命名为"蟹"，有"巴解解决虫患"的意思。

虾蛄

除了上述美味，海洋美食库中还有另一种硬壳美食——虾蛄。主要分布于热带和亚热带的虾蛄肉质松软、营养丰富，对于身体虚弱的人来说，是上好的滋补品。它们的蛋白质含量是蛋类、奶类、鱼类的几倍甚至十几倍，而且脂肪含量很少，可以说是人们摄取蛋白质的理想食品。每年春季是虾蛄最肥美的季节。但是，想要将这种海鲜美味吃到嘴里也不是那么容易的，因为它们坚硬的外壳剥起来比较困难。

回澜·拾贝

中国对虾 用中国对虾做的油焖大虾是一种经典名吃，虾肉香酥绵软，回味悠长。

三疣梭子蟹 我们常说的梭子蟹学名为"三疣梭子蟹"，是中国沿海的重要经济蟹类。

分布 虾蛄主要分布于热带和亚热带海域，在中国的沿海地区均有分布，不过以南海地区的种类居多。

海洋珍宝 —— 海贝

海洋是神奇而伟大的，养育着地球上超过80%的生物。在各种各样的海洋生物中，有的可供人类食用，有的可以制成可供人类欣赏的精美工艺品。海贝不仅是世人眼中的"美味佳肴"，还可以制成颇具观赏价值的装饰品。

啤酒搭档

在一些沿海地区，藏于浅海泥沙中的蛤蜊是人们开胃的美食。在中国的帆船之都青岛，蛤蜊与啤酒是当地人餐桌上的黄金搭档。营养全面的蛤蜊与鲍鱼、鱼翅相比，价格便宜，味道鲜美，因此被青岛人视为"百味之冠"。蛤蜊属于双壳类软体动物，种类较多，颜色各不相同，可食用的主要有文蛤、花蛤、斧蛤等几大类。蛤蜊中富含钙、铁、锌等微量元素，是人们补充营养的佳品。

盘中明珠

　　海螺不仅凭借其独特的造型成为人们眼中的自然工艺品，还因丰富的营养成为具有食疗作用的海产美食。在中国，爆炒海螺早在明清时期就已经闻名遐迩。

美味西施舌

　　西施舌也叫"沙蛤"，是海产贝类的一种。据说在春秋时期，越王勾践的夫人为防止越国重蹈吴国的覆辙，便用计将美人西施投入大海。葬身海中的西施后来化成海贝。这种沙蛤因常常在风平浪静时伸出"舌头"而被认为是西施在诉说冤情。当然，这不过是一个凄婉动人的传说而已。西施舌是沿海人钟爱的美食，白嫩肥厚，香甜脆滑，具有很高的食用价值。

海产珍品

与其他贝类相比，牡蛎有着近乎传奇的食用历史。它们是拿破仑眼中的能量来源，是巴尔扎克眼中的文学灵感，是莫泊桑笔下的优雅之食，还是李白眼中的美食之尊。这种获得众多名人青睐的美食，是含锌最多的天然食品之一，钙和铁的含量也十分高。在盛产牡蛎的南非，每年的7月份都会举办一次牡蛎美食节。食客与游人可以在这个节日里参加牡蛎盛宴。

"百变"扇贝

扇贝是一种双壳类软体动物。在中国，野生扇贝主要分布在山东的长山岛和东楮岛。现在人们吃的扇贝大都来自人工养殖。在东西方的美食菜谱中均可见扇贝的身影，而且吃法花样百出。油泼扇贝、面粉炸扇贝会让你垂涎欲滴，与寿司、葡萄酒的搭档能让人大饱口福。

贝类贵族

在神秘的北太平洋海域孕育着一种长相奇特的象拔蚌，它们也被称为"海笋"。因为生长环境特殊且数量稀少，肉质鲜美的象拔蚌是世界闻名的高级海鲜，价格昂贵。象拔蚌主要产自美国和加拿大的太平洋沿岸，直到20世纪中期才开始走上人们的餐桌。

美味贻贝

贻贝是一种生活在潮湿的海滨岩石上、外表呈青黑褐色的双壳类软体动物。在北美、北欧以及中国，贻贝都比较常见。贻贝的营养价值非常高，深受人们的喜爱。

回澜·拾贝

货币 象征财富与地位的海贝曾在古代充当过货币，主要用于日常的商品交换。

发声 螺壳弯曲的海螺一旦受到嘈杂环境的影响，螺内的空气就会振动发声，犹如海浪的声音。

紫贻贝 紫贻贝生活在浅海，以足丝附着在岩礁上，肉晒干后便是人们熟知的淡菜。

营养丰富的海洋蔬菜——海藻

海洋是鱼虾蟹贝聚集的宝库，也是海洋蔬菜生长的乐园。与那些价格昂贵的肉类海鲜相比，海藻等海洋蔬菜的营养价值毫不逊色。这些来自"蓝色生态园"的天然蔬菜，不仅激发了人类对美食的向往，也使人类深刻地感悟到海洋的美好。

紫菜

紫菜是一种营养十分丰富的可食用海藻，主要分布在浅海潮间带的岩石上。紫菜含碘量很高，有着悠久的食用历史，早在1000多年前就已经被端上餐桌。如今，经过科学论证，紫菜已经成了人们预防高血压、糖尿病等"生命杀手"的保健良品。紫菜包饭、紫菜寿司等美食十分流行。

海带

在韩国，海带汤是过生日之人必喝的生日汤。在日本，海带豆腐汤被视为长生不老的妙药。在中国，海带是火锅中常见的蔬菜之一。海带不仅含有人体必需的营养物质——碘，还能有效减少脂肪在人体内的堆积，消肿利尿。

石花菜

石花菜是红藻的一种，具有清肺化痰、滋阴解暑的功效。石花菜富含的一种胶质是果冻等冻状食品的主要植物原料。因为独特的清凉口感，由石花菜制成的凉粉深受沿海地区人们的喜欢。现在，石花菜凉粉已经是"青岛十大特色小吃"之一。

海 茸

海茸是海洋蔬菜中的奢侈品，富含20多种营养元素。它们对生长环境的要求很苛刻，生长海域必须未经污染。因为生长周期和数量的限制，海茸被纳入限制性的开采资源。海茸中含有多种抗衰老的胶原蛋白，是美容护肤的佳品。

回澜·拾贝

营养价值 海带的营养价值很高，富含蛋白质、脂肪、胡萝卜素、B族维生素以及碘、钙、磷、铁等多种微量元素。

成分 海茸除含有大量的胶原蛋白，还富含纤维质、抗辐射活性物质以及多种矿物质，因此是滋补的良品。

奇特的海鲜美食

　　说到海鲜美食，海洋中还有一类外形奇特的海产品。这些海产品有的身形飘逸，宛若婀娜多姿的仙女；有的虽样貌丑陋，却营养丰富；还有的造型别致，兼具观赏价值。这些区别于普通海鲜的美食，同样挑动着人们的味蕾。

海蜇

　　身似降落伞的海蜇是水母家族中的一员，体内含有毒素，但经过加工后，却是不可多得的人间美味。在中国，海蜇被人们列为"海产八宝"之一。海蜇头口感松脆，营养价值很高，是海蜇中的精品；海蜇皮则比较有韧性，配以香醋，尤其适合在秋季食用。

竹蛏

竹蛏是一种海产软体动物，有两片长长的外壳，外壳闭合时像竹筒。它们喜欢栖息在潮间带或浅海海域，身体大部分藏在泥沙里。竹蛏味道鲜美，营养丰富，含有丰富的蛋白质、脂肪、糖类、维生素、钙、磷、铁、碘等多种营养成分，是一种非常受欢迎的海产珍品。竹蛏具有很高的经济价值，是颇具发展前途的海产养殖优良品种。

海 肠

海肠形如蚯蚓，主要生活在海底。全身呈肉红色的海肠并不像鱼类那样分布广泛，在中国只有渤海出产。海肠的营养价值不逊色于海参，又因为外形与海参酷似，所以人们喜欢称其为"裸体海参"。在没有味精的古代，海肠粉可是调味的佳品，一些宫廷御厨更将它们视为鲁菜的"秘密武器"。现在，人们还用它们制作饺子馅、包子馅，做出的美味香气四溢，堪称一绝。

搭档 海蜇头部的皱褶里寄生着很多小虾，它们是海蜇的忠实搭档。小虾们一旦发现敌情，就会给海蜇通风报信，帮助它们躲避敌人的攻击。

鱼饵 海肠除了能食用，与蚯蚓一样，还是很好的鱼饵原料。

矿物质的结晶——海盐

海盐是人类最早从海洋中提取的矿物质之一，主要成分是氯化钠。它与人类的生活息息相关。在古代，海盐是人类补充营养的重要原料。添加了海盐的饭菜不仅可口鲜美，还含有钙、镁等丰富的矿物质，有利于人体对食物营养的充分吸收。现在，虽然碘盐已被广泛食用，但海盐依然备受青睐。

盐宗传说

相传，炎帝时期有一位名叫夙沙氏的部落首领。他聪明勇敢，体力过人，善于用网捕捉鱼类。一次，他在海边煮鱼的时候，看到一只野猪，于是前去追捕。他捕获野猪回到海边时，发现海水被煮干了，器皿里出现了一层白色的粉末，这些粉末就是海盐。这一发现改变了人们的生活，夙沙氏也因此被尊称为"盐宗"。

盐宗雕像

古代盐田遗址

海水化盐

在中国，"煮海为盐"的历史有4000多年。夏朝时期，人们用柴火熬煮海盐。后来，随着技术水平的进步，人们开始利用蒸发作用晾晒海水制盐。直到现在，中国还是海水晒盐产量最多的国家。目前，中国的盐田有37万多公顷，年产量在1500万吨左右。中国每年生产的海盐除了要作为全国一半人口的食用盐，还要供应80%的工业用盐。

盐 田

我们可以在很多海岸找到盐田，它们是海盐的生产基地。为了防止水与盐相互渗透，盐田通常建在黏土上。另外，为了使海水能够畅通无阻地进入盐田，工人们要时常进行整理，以防止过强的潮汐将晒好的盐破坏。现在采盐的工作趋于机械化，大大提高了生产效率。

海盐的多种用途

与普通食盐相比，海盐的矿物质含量丰富，可以给人体提供更多的营养。经研究，海盐具有治疗哮喘、缓解抑郁、平衡血糖的医疗保健作用。此外，海盐还比较受爱美人士的欢迎，因为海盐具有较强的渗透性，能够渗入皮肤，促进人体的新陈代谢，从而起到瘦身的作用。此外，人们可以利用海盐的磨砂特性清除老化的角质，达到延缓衰老、美容护肤的效果。

浴盐的由来

据说最先发现海盐具有护肤作用的是欧洲的一些水手。他们长期在海上漂泊，终日接受阳光的暴晒和海风的侵袭，皮肤变得十分粗糙，还会出现很多小伤口。偶然的机会，他们发现海盐的清洁和消炎效果都很好。后来，荷兰人受到启发，将海盐进行加工提炼，制成浴盐，供人们洗脸、浴足使用。

回澜·拾贝

蒸发取盐 人们利用河道将海水从大海引入人工水池，在太阳照射的作用下，水分就会慢慢蒸发，海盐则留在池底。

海盐培植 位于波斯湾西海岸的卡塔尔有一座世界知名的沙漠温室大棚，科学家在大棚里进行用海盐培育植物的实验，并且取得了成功。

长芦盐场 长芦盐场是中国海盐产量最大的盐场，位于渤海海岸。

人类的医药原料仓

　　浩瀚的海洋孕育了万千生物，不断给人类带来惊喜。一些海洋生物具有较高的药用价值，可以使世界医药资源更加丰富。对这些海洋药材的开发利用，可以为医疗领域带来新突破。

难症治疗新发现—— 生物抗癌

随着对海洋生物更深入的研究，人们发现某些海洋生物在生长代谢的过程中会产生一些具有特殊生理作用的活性物质，这些物质对人类疾病的防治有着非常重要的意义，并将会为医学领域带来新突破。但是，人类对海洋生物制药的研究尚不成熟，需要持之以恒地探索。

治疗新发现

海洋科技的发展为癌症治疗带来了新的契机。很多医学研究发现，一些天然的海洋生物如海鱼、贝类、海藻等，不仅营养价值高，味道鲜美，还具有一定的抗癌作用。与传统抗癌药物相比，它们的价格更便宜。除了这些药食兼具的海洋生物，人类还在海洋中发现了大量的化合物。经过实验，这些化合物对于癌症的治疗很有帮助。随着医药研究技术的不断进步，更多新型海洋药物将被开发出来，为医学领域带来巨大突破。

癌症的蔓延

近年来，环境污染愈加严重，食品安全问题层出不穷，再加上人类生活习惯的变化等，人类患癌的概率呈逐年上升趋势。世界卫生组织公布，全世界每年新增的癌症患者数近2000万。据有关部门统计，中国每年的新增癌症患者占全球新增患者的20%以上。癌症就像无形的杀手，潜伏在我们的周围，威胁着人类的健康和生命。

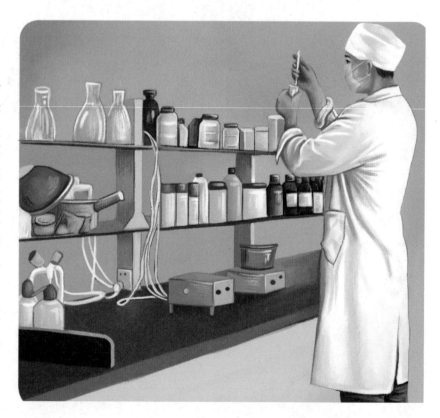

海洋生物抗癌

　　医药研究者发现：海洋中的苔藓动物总合草苔虫体内含有一种草苔虫素。这种物质对淋巴癌、结肠癌、白血病等疾病具有明显的疗效。研究者还发现：海鞘的共生菌能治愈癌症。海洋腹足类生物海兔也是人类研究抗癌物质的重要对象，从它们体中内提取的海兔毒素对多种癌症有很好的治疗效果。

草苔虫

广阔前景

　　尽管人类对海洋抗癌药物的研究从未停止，可目前应用到临床领域的抗癌药物并不多，天然海洋生物用于抗癌的治疗更是少之又少。海洋生物的研究和应用耗资巨大，是一项艰巨的研究工程。但是，人类并不会因此而放弃与疾病抗争，一定能从万千海洋生物中找到更多的抗癌方法。

回澜·拾贝

　　海洋微生物　海洋微生物是海洋生物活性物质的重要来源，具有较大的研究潜力。
　　竞争　很多国家将海洋生物抗癌研究作为本国新型药物研究的发展战略，为此投入了大量的人力和物力。其目的就是希望率先掌握研究主动权，从而发展医疗科技事业。

大洋中的抗癌大军——海生药材

海洋就像一个药材基地，孕育着众多有医药功效的海洋生物，在很大程度上弥补了陆生药源的不足。一些海洋生物的提取物具有良好的抗肿瘤作用，如果研究和医用得当，将会给癌症患者带来新的希望。

海参

海参不仅是人类餐桌上的美味佳肴，还有很高的药用价值。中国古代医书《本草纲目》中就曾有"海参生百脉血"的记载。小小的海参含有丰富的蛋白质、无机盐、微量元素、海参毒素、海参酸性多糖等，这些物质具备抗肿瘤、抗真菌、抗放射等能力。经过科学研究和论证发现，海参不仅对皮肤癌有很好的疗效，还有抑制肿瘤的作用。

章鱼

章鱼体内含有大量的蛋白质，还富含脂肪、磷、铁、钠、钾、铜、多不饱和脂肪酸、牛磺酸以及维生素等成分。这些成分中有一些是预防和治疗癌症的重要物质。很多人想不到外表怪异的章鱼还会有那么重要的医药功效。

黄花鱼

黄花鱼是中国沿海比较常见的经济鱼类，肉鲜味美，深受广大食客的喜爱。另外，黄花鱼还是药膳原料，体内含有17种氨基酸，是癌症患者理想的蛋白质补充剂。科学家还发现，黄花鱼的鱼鳔对鼻咽癌、消化道肿瘤等均具有缓解作用。

海虾

海虾除了含具有保健功效的虾青素，还富含硒。硒是人体防癌抗癌必需的微量元素，对一些致癌物具有一定的破坏作用。而且，硒元素还能充分抵抗重金属的侵害，提高人体免疫力，延缓人体衰老，是不可多得的医药原料。

回澜·拾贝

鲨鱼 科学家发现鲨鱼的软骨组织中含有一种特殊的物质，这种物质能够有效地抑制癌细胞的生长。另外，鲨鱼肝脏里面的角鲨烯还可以防止癌细胞的转移。

海带 海带具有预防乳腺癌、甲状腺肿瘤、肺癌、食道癌以及胃癌的作用。海带里丰富的碘可以促进人体新陈代谢。

疾病治疗新卫士 —— 抗病毒药物

世界海洋药物的蓬勃发展，让以研究海洋生物资源为标志的"蓝色革命"在全球范围内迅速兴起。人们希望从已发现的海洋生物中找到破解医学难题的密码，进而推动医学科技的进步。如今，科学家已经从海洋生物中找到很多新的药物资源，其中就包括一些抗病毒药物。

海绵

海绵是最原始的多细胞动物之一，5亿年前就已出现在地球上。目前，海绵动物有5000多种，广泛分布在世界各大海域。现在，科学家在海绵的体内发现一种生物碱。这种活性物质对人体内的RNA（核糖核酸）病毒具有抑制作用，为世界医学抗病毒研究提供了新资源。

海鞘

海鞘是一种脊索动物，由于外形很像凤梨，也被称为"海中凤梨"。世界上有1200多种海鞘，它们喜欢栖息在海藻繁茂的浅海海底，固着在岩石和砂砾上。海鞘营养丰富，味道鲜美，深受韩国和日本民众的喜爱。除了食用价值，海鞘还具有一定的药用价值，体内有一种叫作"海鞘素"的环肽类化合物。这种活性物质可以抑制多种病毒的增长和繁殖，是未来抗病毒药物的一个研究对象。

海 兔

　　海兔属于海洋腹足纲，也被称作"海蛞蝓"。雌雄同体的海兔通常栖息于海底，在世界各大海区均有分布。人们在这种海洋生物身上发现了海兔毒素。这种物质具有很好的抗病毒、抗肿瘤作用，是医药科学工作者的重点研究对象。

柳珊瑚

　　柳珊瑚对生存环境的要求比较高，只有光照充足、水质清澈的海域才是其理想的栖息之所，因此它们常见于洋流较强的珊瑚礁区。柳珊瑚中含一种叫作"阿糖腺苷"的有效成分，可以抑制某些病毒DNA（脱氧核糖核酸）的合成，可用于疱疹性脑炎和单纯疱疹角膜炎的治疗。

回澜·拾贝

　　石花菜　藻类中的石花菜富含多糖类化合物，对某些流感病毒和腮腺炎病毒有非常好的抑制作用。

　　贝类　人类在对海洋生物的成分进行提取和研究时发现，鲍鱼、牡蛎和硬壳蛤均含有抗病毒的化合物。

　　限制　已知的海洋生物中，除了一些产量丰富的海洋生物能够满足医用需求，其他一些海洋生物由于采集难度的限制还没有被广泛应用到医药领域。

夺命疾病的克星——心脑血管药品

心脑血管疾病是危害人类健康的几大杀手之一。据统计，全世界每年约有1500万人死于心脑血管疾病。为了更有效地预防和治疗心脑血管疾病，人类开始从一些海洋生物中提取活性物质，用于心脑血管疾病新药的研究。现在，海洋心脑血管药物的研究已经取得初步成果。

牡 蛎

牡蛎体内富含药理活性物质，具有调节血脂、抑制血小板凝集、提高机体免疫力和抗白细胞下降等功效。除此之外，其提取物还可以改善人体的心肌缺血状况，对心脏具有保护作用。牡蛎体内提取出来的有效成分主要用于高血脂、动脉硬化、冠心病等疾病的临床治疗。

海 藻

早在中国古代就有海藻入药的例子，《本草纲目》《海药本草》等古典药籍就对海藻药理进行了记载和论述。在日本以及东南亚的一些国家，海藻是非常重要的传统药材。现在，从海藻中提取的多种抗心脑血管疾病药物已投入使用，如褐藻淀粉硫酸酯、海藻酸钠、藻酸双酯钠、紫菜多糖等。

海 胆

浑身是刺的海胆是治疗心脑血管疾病的一味良药。海胆富含卵磷脂、核黄素、硫胺素、不饱和脂肪酸等物质，能够降低甘油三酯和部分胆固醇，还可以稳定血压，预防动脉硬化。现在，以海胆为主要原料的药物主要用于脑血管硬化、供氧不足等疾病的治疗。

深海鱼

人们一直很好奇，为什么因纽特人很少出现高血脂的情况。原来，一个重要的原因就是他们喜欢食用深海鱼类，从中摄取了大量的鱼油。鱼油是从富含脂肪的鱼类体内取出的油脂。鱼油里富含多种具有药用价值的活性物质，如鲨鱼、旗鱼、金枪鱼的油脂内就含有大量不饱和脂肪酸，此类活性物质对降低血液黏度有很好的疗效。

回澜·拾贝

贻贝 一种双壳类软体动物，富含牛磺酸以及多不饱和脂肪酸，这两种物质对于促进细胞发育、改善心血管功能有很好的效果。

鲨鱼肝脏 由鲨鱼肝脏提取物精制而成的药物对心脏病、癌症、肝炎均有较好的治疗作用，但由于提取困难和保护生物的需要，这并不是未来药物研究的方向。

前景 我们虽能在广阔的海洋中找到很多制药原料，但很多海洋生物成分的提取对技术要求很高，而且还要考虑保护海洋生态等因素，因此前景有待观察。

海洋血库的无私奉献——新型代血浆

　　海洋生物的可贵就在于它们总是充满多种可能性并改变着人类的生活。人类在探索海洋生物的医药价值时，不仅从海洋生物中发现了治疗多种疾病的物质，还找到了另一种"血浆"。

海星代血浆

　　海星是海洋中比较常见的棘皮动物，数量惊人，足有2000多种，大部分生活在潮间带和靠近海岸的海域。一些医药研究工作者经过反复的实验发现，海星的体内所含的一种明胶可以制成海星代血浆。海星代血浆安全可靠。当人体出现大量出血、烫伤、烧伤以及外伤引起的休克症状时，静脉注射适量的海星代血浆有良好的治疗效果。

海星代血浆

褐藻代血浆

除了海星，科学家在褐藻中也发现了代血浆。褐藻代血浆的提取工艺十分简单。它既不会在人体内积蓄，也不会影响内脏器官运转，而且能加快人体排毒的速度，帮助人体维持正常的血压。目前，中国有些医院已经开始使用这种代血浆。

广阔前景

近年来，艾滋病就像瘟疫一样在世界范围内蔓延，血液就是艾滋病传播的途径之一，所以血液使用愈发引起人们的重视。海洋生物代血浆的使用在很大程度上解决了病人和医生的后顾之忧，血库血源紧张的情况也能得到缓解。随着科学技术的进步，相信未来会有更多的海洋生物代血浆走进医院。

回澜·拾贝

太阳海星 太阳海星代血浆能够明显地增加血容量，提高血压，对于低血容量性休克和术中失血具有很好的临床效果。

褐藻胶 一种广泛存在于多种褐藻内的多糖物质，可以用来制作代血浆，也可以用来制作美容美发剂。

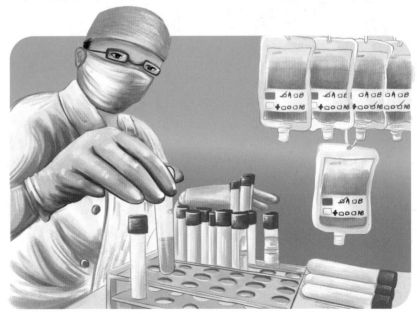

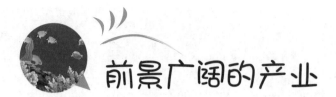

前景广阔的产业
——医用新材料

海洋医用原料是生物医用材料的重要组成部分，也是现代海洋科技的一个重要发展方向。神奇的海洋生物有着无限的发展潜力，人类正是找到了其中的部分奥秘，才将一些海洋生物的某种物质转化成医用材料，并将其应用到医学领域。

缝合线

在自然界中，甲壳素广泛存在于低等植物、菌类、虾蟹类、昆虫等生物体中，是一种天然的中性黏多糖，具有无毒、抗菌、不过敏以及能够促进伤口愈合等特性。人类利用这些特性成功制造出一种甲壳素缝合线。这种缝合线可以在一定时间内从身体的植入点消失，是十分理想的医用缝合线。

人工皮肤

人类还用甲壳素制造出柔软舒适的人工皮肤。这种人工皮肤不仅与创面的贴合度好，还有抑菌消炎、促进伤口愈合的作用。经过实验，甲壳素人造皮肤能够自行溶解并被机体吸收，还能促进皮肤的再生。这在很大程度上缓解了病人的痛苦，保证其快速形成完整的新生真皮。

珊瑚人工骨

珊瑚虫是一种比较高级的腔肠动物，主要分布在热带和亚热带海域，其分泌物形成珊瑚。人类利用其结构特性，在高温、高压条件下创造出一种人工骨，用于整形以及各类骨科手术。珊瑚人工骨硬度高，具有良好的生物相容性，来源丰富，加工制作过程相对方便，未来将作为骨替代材料应用于临床，具有很高的开发价值。

隐形眼镜

很多人士喜欢佩戴隐形眼镜。研究人员根据甲壳素的韧性、透明度以及贴合性研制出了高度纯洁、柔韧和透明的氧化软片。含有甲壳素的隐形眼镜舒适度高，而且不易引起眼部疾病。

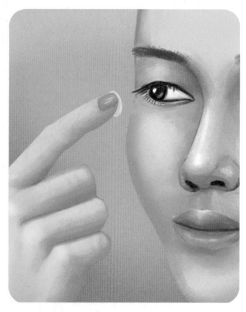

回澜·拾贝

用途 甲壳素在工业制造、农业生产等领域有广泛的应用，还可被用于制造人工透析膜和人工血管等医疗用品。

生物功能 甲壳素具有降血脂、降血压、降血糖、抗肿瘤等生物功能，是一些保健营养品的重要成分。

补钙剂 珊瑚还可以作为人体的一种补钙剂，用于骨质疏松等各种缺钙病症的预防和治疗。

来自海洋的美丽秘方 —— 别样护肤品

　　海洋是生命之源，浩瀚神秘，让人敬畏又向往。万千珍贵的海洋生物在给人类提供美食与制药原料的同时，也给予人类更多关于美丽的启示。海洋护肤品的出现和发展不仅让我们有了护肤新体验，还有了护肤新选择。

深海海藻

　　很多深海海藻含有一种亲糖蛋白，对细胞的生长、防御以及生殖具有重要作用，而且这种蛋白的营养储藏功能也是很多物质所不具备的。此外，海藻中还富含氨基酸、维生素、不饱和脂肪酸等多种营养成分。这些成分在皮肤保湿、抗氧化、细胞修复等方面具有重要作用。

海 带

　　海带是护肤领域比较受欢迎的海洋植物，含有丰富的氨基酸、抗败血酸以及天门冬氨酸。天门冬氨酸能够加速"长寿蛋白"的再生，增强肌肤的弹力，使肌肤焕发光泽。另外，海带中维生素C的含量非常高，在皮肤的抗氧化方面展示出独特的优势。

海洋泥浆

面膜是护肤品的重要组成部分，其材质各不相同。如今，来自海洋的泥浆面膜颇受广大消费者的偏爱。海洋泥浆里有丰富的矿物质，给肌肤提供营养的同时，还可以增强肌肤的弹性。另外，海泥的结构呈孔状，对深层的污垢和油脂具有较强的吸附力。

鱼 子

深海鱼子是珍贵的食材原料。同时，它还是某些海洋护肤品成分的来源。深海鱼子富含不饱和脂肪酸，能够维护面部肌肤的持续滋润和细滑，帮助肌肤抗老化。利用鱼子活化细胞的特性，人们不仅制成了效果显著的护肤品，还提取其主要成分用于头发的修复和保养。

珍珠粉

珍珠是一种古老的有机宝石，自古以来就深受人们的喜爱。珍珠除了被制成奢华的装饰品，还具有美白养颜的效果。据有关史料记载，中国古代的一些人就曾用珍珠碾成的粉末来美容养颜。富含氨基酸与微量元素的珍珠粉能均衡人体的新陈代谢，改善肌肤的弹性，延缓肌肤老化，而且具有非常不错的美白效果。

虾青素

虾青素是很多护肤品的添加成分，有些来源于人工合成，有些则来源于虾蟹壳以及海藻。科学家们通过调查和研究发现，虾青素是自然界中最强的抗氧化物质之一。利用其制成的化妆品，除了能够有效减少紫外线对皮肤的损害，还能消灭致使皮肤老化的自由基，让肌肤远离雀斑和皱纹。现在，虾青素已成为肌肤保养的秘密武器。

海洋微生物

海洋微生物对维持海洋生态系统的稳定起着至关重要的作用。进入21世纪，人们通过科技手段发现这些细小的海洋生物具有很多"超能力"，如部分海洋微生物具有抗紫外线、抗衰老等优越特性，而这些特性正是人体肌肤所需要的。因此，有些海洋微生物的超能力被应用到化妆品上。法国的某家化妆品公司就曾从海底火山采集到一种嗜热细菌，并利用这种细菌研发出特别的防晒霜。

深层海水

　　深海海水受到的干扰因素较少，相对于表层海水，水质较好。另外，深海海水蕴含丰富的矿物质成分，能够帮助肌肤恢复正常代谢，防止肌肤松弛，提高肌肤免疫力。现在，来自深层海水的护肤佳品已经成为很多人的选择。

回澜·拾贝

　　巨藻　巨藻中含有丰富的矿物质和维生素，具有为肌肤保湿、促进组织再生、增加细胞活力的功效。

　　着色剂　虾青素因艳丽的颜色和较强的抗氧化能力常被用作着色剂，如唇膏、口红等。

　　限制　虽然人类在海洋中发现了很多可以利用的化妆品资源，但由于技术等原因的限制，这些资源还不能被广泛开发和应用。

PART 5

人类的聚宝盆

　　海洋是一个巨大的聚宝盆。海滨的砂层中蕴藏着丰富的砂矿，海洋底部储藏着珍贵的油气资源，深海海底分布着具有重要意义的海底热液矿……丰富多样的海底资源为人类创造了巨大的经济利益，让世界蓬勃发展。

滨海宝藏——滨海砂矿

漫步在海边，我们有时会看到一些砂层，不要小看它们，因为它们蕴含着丰富的矿藏。金刚石、砂金、砂铂、钛铁矿、石英、金红石以及独居石等，有很大一部分来自滨海砂矿。这些珍贵的矿藏在自然的作用下富集在滨海地带，供人类开采。

形 成

自然界的泥沙和尘埃中含有很多金刚石、金红石、石英等稀有矿物。在地质活动的过程中，这些矿物通过各种途径进入海洋。在波浪和海流的作用下，聚集在一起，变成形状、密度、比重不同的珍贵矿藏，经过日积月累逐渐形成滨海砂矿床。

分 布

砂矿分布广泛，世界多数沿海地区具有或大或小的矿床。据统计，世界上90%的金红石来自滨海砂矿。中国的滨海砂矿资源丰富，辽东半岛、山东半岛、台湾岛等沿岸均有分布，而且大多属于复合型的砂矿。中国的砂矿床有上百个，总探明储量在16亿吨以上，矿藏种类达60多种。

金刚石

滨海砂矿中的金刚石颜色多种多样，灿烂夺目。由于具有靓丽的外表，它们常常被打磨成珍贵的宝石，当作奢华的装饰品。人们所说的钻石就是经过加工的金刚石。金刚石是由碳元素组成的矿物，被誉为"自然界中最坚硬的物质"。因此，除了变身宝石，金刚石还经常被制成钻头，用于地质勘探和加工仪器。

石 英

有着玻璃般光泽的石英是滨海砂矿的重要产物之一，在地球上有广泛的分布。石英不仅坚硬、耐磨，化学性质也非常稳定，使其成为航空航天、电子、机械工业的宠儿。石英含有硅元素，单质硅可以制成一种半导体材料。这种材料是整流元件和晶体管的不二选择。除了被应用于高科技产品的生产，石英砂还是重要的工业矿物原料，在玻璃、陶瓷以及耐火材料的生产中不可或缺。

回澜·拾贝

前景 在中国海岸地带蕴藏的滨海砂矿资源中，已发现的具有工业价值的矿种有12种。华北地区砂金、金刚石等矿产丰富，华南地区则以有色金属、稀有元素、稀土矿物砂矿为主。

石英砂 石英砂的用途十分广泛，是开采量较大的建筑以及工业砂矿。

锡 锡是制作合金、焊锡的重要工业原料，大部分锡矿石来自滨海砂矿，主要产于印度尼西亚、马来西亚和泰国等国家。

能生长的镇海之宝——多金属结核

　　1868年，人类在北冰洋喀拉海中发现多金属结核。这种被称作"锰结核"的矿产浑身是宝，含有30多种金属元素。这些金属元素经提取和开发后，可被广泛用于多个领域的工业制造。

形 成

　　多金属结核中的金属元素有多个来源。陆地上的岩石风化后会释放出含有铁、锰等元素的物质，这些物质的一部分被河流带到大海后沉淀；海底火山的喷发使铁、锰等元素随着岩浆涌入大海；浮游生物体内含有微量金属，当它们死亡、分解后，金属元素随之进入海水。锰结核还有一种物质来源方式，那就是宇宙。据称，宇宙每年会给地球带来上千吨富含金属元素的尘埃，这些尘埃也是多金属结核的来源途径之一。

分 布

　　多金属结核广泛分布于世界深海海底的表层，表面比较光滑，底部埋在海底沉积物中。据估算，世界海洋中的多金属结核储量在3万亿吨以上，其中北太平洋的储量最丰富，占总储量的一半以上，大约为1.7万亿吨。因为形成环境不同，多金属结核的品质也有所不同，生成于4000～6000米水深的金属结核品质最佳。

珍贵资源的集合体

多金属结核是铁、锰等氧化物的集合体，形态多样，大小各异。多金属结核被誉为"海矿中的镇海之宝"，富含铜、钴、镍等陆地上相对匮乏的资源，是十分紧缺的工业原料。多金属结核中的金属锰可用来制造坦克和钢轨，金属镍可用来制造不锈钢，金属铜可用来制造传播信息的电缆，而金属钛则是航天工业不可缺少的材料。

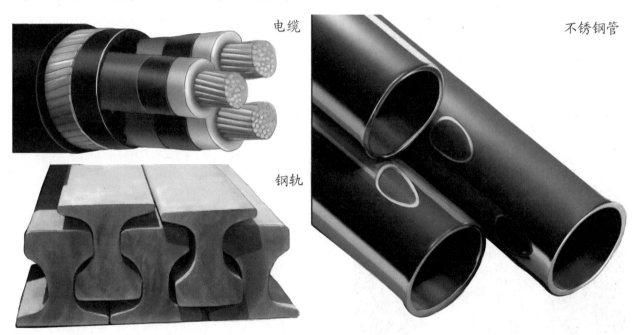

电缆

不锈钢管

钢轨

会生长的富矿

与其他海洋矿产资源不同，多金属结核一直在生长，尽管平均每千年才会增长1毫米，但因为丰富的储量，每年的增长量在1000万吨左右。这对于世界工业来说是一个巨大的惊喜。因此，有人称其为取之不尽、用之不竭的"可再生富矿"。

回澜·拾贝

开采 多金属结核的开采方法有很多种，主要有拖网开采、机械开采和气压吸取等。

进步 因为技术水平有限，最初人们只懂得在多金属结核中提取镍、铜、钴3种金属。如今，多金属结核中已有更多的金属被应用到工业领域。

洁净能源新面孔——可燃冰

20世纪70年代，人类在海洋中发现了可燃冰。从被发现起，这种虽外表酷似冰雪却可以像酒精一样直接点燃的物质就一直吸引着人们的目光。经过积极的探索，人类从这种"可以燃烧的冰雪"中发现了甲烷和乙烯等可燃气体。事实表明，可燃冰是一种理想的、具有开发价值的新能源。

被点燃的气泡

可燃冰是在偶然情况下被发现的。美国一位地质工作者在进行海洋钻探时，在海洋里发现了一种类似干冰的东西。出于好奇和职业的敏感，他将这些物质从海里带上岸。可让他没想到的是，"干冰"很快就变成了冒着气泡的泥水。巧合之下，这些气泡竟然被点着了。后来，人们将这种物质叫作"可燃冰"。可燃冰的发现为人类的能源勘探带来新的曙光。

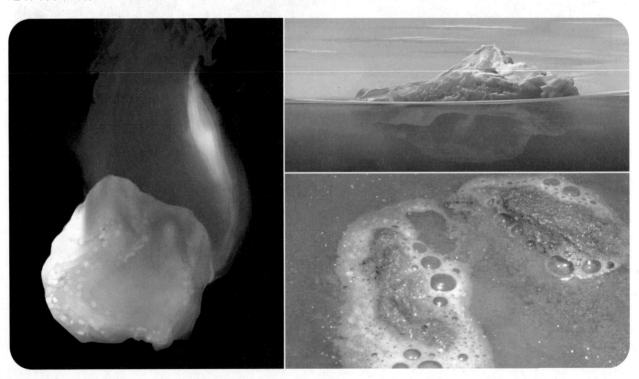

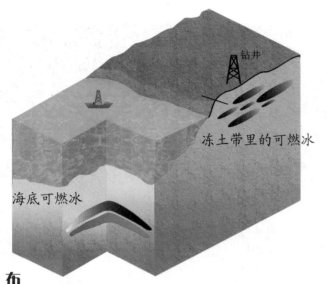

钻井

冻土带里的可燃冰

海底可燃冰

类 型

实际上，可燃冰是甲烷和水在高压、低温条件下结晶形成的固态混合物。有关研究表明，受形成条件的限制，一类可燃冰存在于具有高压条件的海底松散沉积泥土中，另一类则存在于高纬度大陆的冻土带内。海底可燃冰矿藏要经过数百万年才能形成。

分 布

海底可燃冰分布于世界各个大洋边缘海域的大陆坡、大陆隆和盆地，有些内陆海也有这种矿藏。经过调查和研究发现，可燃冰主要分布在北半球，以太平洋边缘海域分布最多。这是因为陆坡和陆隆地区沉积物容易发育，有机质十分丰富，甲烷等气体来源充足，有利于可燃冰的形成。

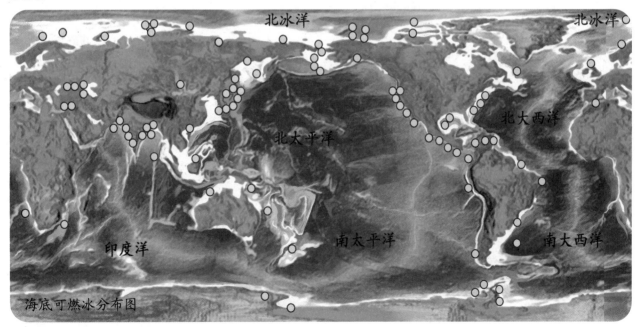

北冰洋　北冰洋

北大西洋

北太平洋

印度洋

南太平洋　南大西洋

海底可燃冰分布图

巨大的开发价值

有人曾对可燃冰进行过测试，结果表明：如果1立方米的可燃冰完全分解，可以释放出大约150立方米的天然气。根据可燃冰的储量推算，其热量相当于世界已知煤、石油和天然气总热量的两倍。很多优势表明，可燃冰是具有很大商业开发价值的新能源。

从海底可燃冰中采取天然气

能源探索

从20世纪80年代起，世界上很多发达国家将可燃冰研究列入本国的能源发展战略，并投入大量的人力和物力。进入21世纪以来，中国开始加入新能源的研究阵营。2007年5月，中国在南海北部首次实现可燃冰的成功采集，标志着中国可燃冰调查研究水平更进一步。至此，中国成为继美国、日本、印度之后第4个通过国家级研发计划采到可燃冰实物样品的国家。

理想的洁净能源

可燃冰在常温常压下释放的气体主要是甲烷，杂质很少，几乎不会产生有害物质。可燃冰燃烧产生的二氧化硫要比石油和煤炭少很多，因此是人类理想的清洁能源。如果这种能源被人类有效利用，不仅能有效缓解地球能源危机，还会减轻环境污染，造福于人类。

可燃冰的应用

除了巨大的商业开发价值，可燃冰的发现还为天然气运输、海水淡化以及电力储能技术带来新的革命。将天然气转化为可燃冰进行运输、储存，不但经济，而且灵活安全；电力蓄冷有了可燃冰的加入可以大大提高换热效率；利用可燃冰进行海水淡化则能够充分降低能耗。

回澜·拾贝

密度 可燃冰之所以能释放出巨大的能量，是因为其能量密度高。经测算，其能量密度约是煤炭的10倍。

开采 可燃冰虽然具有广阔的应用前景，但开采难度较大。一旦开采的过程中出现问题，将会给大气造成污染，引发环境问题。

替代能源 科学家普遍认为，可燃冰是尚未得到开发的最大替代能源，也是最大的化学能源。

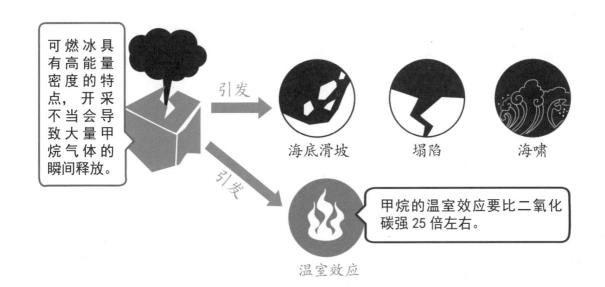

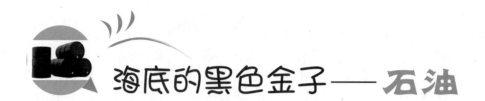
海底的黑色金子——石油

已被人类探明的海洋石油资源大约有 380 亿吨。据估算，海洋中的石油总量约占全球石油资源总量的 34%。丰富的石油储备让迫切需要缓解能源压力的人类兴奋不已。海洋母亲又给人类解决了一大难题。

形 成

有人用"沧海桑田"来形容石油的形成过程，可见这种不可再生资源的形成是多么漫长。在几千万年甚至是上亿年前，地球的气候温暖湿润，充足的氧气和阳光使海洋生物大量繁殖，这些海洋生物的遗骸就是石油的生成原料。与此同时，来自陆地的沉积物经河流进入大海，将大量的生物遗骸掩埋，使它们与空气隔绝。经过漫长的地质时期，这些生物遗骸逐渐变成石油。

分 布

海洋大陆架是沉积物和海洋生物的聚集地，因此绝大部分海洋石油存在于大陆架上。著名的波斯湾、墨西哥湾、北海以及中国的南沙群岛海域，都是海洋石油较丰富的区域。其中，波斯湾地区石油资源最为丰富，被誉为"世界油库"。

向海洋进发

1896 年，美国在加利福尼亚海岸附近打出了第一口海上油井，标志着海上石油工业的诞生。20 世纪 40 年代，海洋石油钻探生产平台的诞生使海洋石油工业迅猛发展。之后，人类对于海洋石油开采的脚步就没有停止过。先是开发的深度越来越大，接着又成功研制出移动式钻井平台。技术的进步使海洋石油工业迎来春天。

回澜·拾贝

潜水器 为了更好地勘探石油资源，人类发明了许多潜水器。这些潜水器可以适应海洋高压作业，具有很高的科技价值。

人工岛 有些人工岛是为海洋石油开采而修建的，是石油开采的海上基地。

981 钻井平台 2012 年 5 月，海洋石油 981 深水半潜式钻井平台在南海正式开钻，标志着中国海洋石油工业研究取得突破性的进展。

来自海洋的"血液"

石油是工业发展的鲜活"血液"，目前人类使用的大部分石油来自陆地开采。然而随着人类的不断开采，陆地石油资源供不应求，于是人们将目光投向海洋石油资源。海洋石油的开发既可以缓解石油供不应求的状况，又可以创造巨大的经济价值，具有广阔的开发前景。目前，很多国家开始加入研究、勘探和开采海洋石油的行列中来。

 未来的战略性金属—— 海底热液矿

在资源丰富的海底，有一种颇具开发价值的珍贵矿藏——海底热液矿。这种矿藏被人类视为未来战略性金属的潜在来源。海底热液矿的分布范围很广，储量巨大，金属矿物含量高，是工业生产的重要原料。

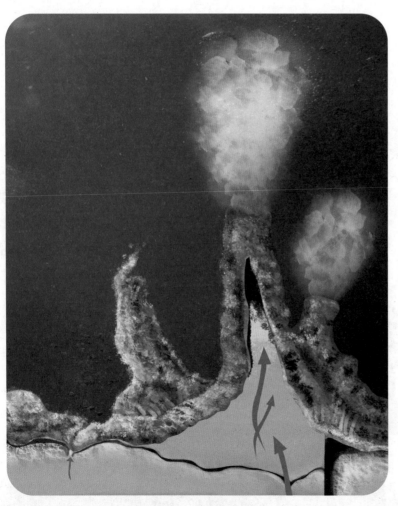

发现之旅

1948年，瑞典的一艘科学考察船在红海海域首次发现了热液金属泥。这项发现引起人们很大的探索热情。后来，科学家们又在太平洋海底裂谷发现块状硫化堆积物和不断涌出的热液。堆积物形成了颜色各异的小丘。经研究，这些堆积物和热液中含有大量的重金属，是非常有价值的可开采矿产资源。

积极勘探

海底热液矿的巨大价值使以美国为代表的多个国家开始了勘探之路，并为此投入了大量的资源。日本也不甘落后，在短短的几年间就投资数百亿日元用于深海潜水器的研究，还研制出众多海底热液矿床的开采设备，希望充分开采这种富有价值的矿产资源。

惊世矿藏

20世纪后期，人类对海底热液矿床的探索热情丝毫没有减弱。1981年，美国的考察者在加拉帕戈斯海底的裂谷发现很多山丘。这些山丘或大或小，富含多种矿物，但以硫化物为主。经过测算，该区域内可供开采的有用金属总价值达40亿美元，震惊世界。

热液矿的分布

科学家们经过数十年的调查和研究发现，海底热液硫化物主要分布在中低纬度大洋中脊的中轴谷和火山口附近，水深在2600米左右。因为热液矿处于地形扩张部位，这些地区热液活动比较频繁，所以能够确定海洋构造活动区是海底热液矿发育的主要场所。这种调查结果充分明确了热液矿的探索方向，为日后的科考和开采提供了便利条件。

开采前景

热液矿床与多金属结核相比有很大的优越性。科学家们经研究发现，热液矿床在海洋中的储藏深度不深，而且分布比较集中，因此开采难度较小。最重要的是，其增长速度是多金属结核的上百倍。而且，热液矿床含有金、银等贵重金属。这些都是多金属结核所不能比拟的。

大洋一号

　　"大洋一号"是中国第一艘现代化的综合性远洋科学考察船。2007年，"大洋一号"在印度洋的西南部首次发现新的海底热液矿床，之后又在东太平洋海隆赤道附近发现海底热液矿活动区。从首航开始到现在，它不仅多次完成环球科学考察任务，还发现了16个热液矿区，取得了历史性的突破，为中国热液矿探索事业作出了较大贡献。

回澜·拾贝

　　黑烟囱　在海底热液矿床区经常会出现高矮不一的黑烟囱，它们是热液喷发在喷溢口堆积形成的。
　　潜力　目前世界上被发现的热液矿点有100多处。随着科技的发展，将会有更多的热液矿被人类发现。

PART 6

人类开发的另一片沃土

　　海洋风光无限，让人充满向往。人们自古就希望在壮阔的海洋上开发出一片新天地。随着社会的进步，人们在海洋上建造了一座座人工岛屿，架设了一座座跨海大桥，在海底敷设了一条条通信光缆……这些工程促进了世界各地的交流，带动了世界经济的发展，让海洋与人类的关系更加亲密。

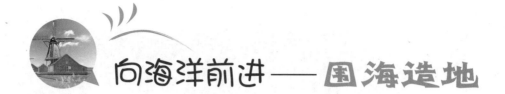

向海洋前进——围海造地

　　随着社会的发展和科技的进步，人类通过围海造地工程在海洋里填出一片片土地，缓解了陆地资源的紧张现状，在一定程度上推动了沿海地区的经济发展。

精卫填海

　　早在中国古代，人们就有了"填海"的设想，并把这种设想描绘成一个传奇故事：相传，炎帝有个聪明可爱的女儿叫女娃。一日，她在东海游玩时不慎溺死，灵魂便化作一只花头、白嘴、红爪的神鸟。神鸟每天不停地从陆地叼来石头和草木投入海里，希望能够将东海填平。神鸟填海的时候，总会发出类似"精卫、精卫"的叫声，所以人们便给它取名"精卫"。

紧张的土地资源

　　近年来，随着世界人口不断膨胀，再加上土地资源的浪费以及不合理利用，现有的土地承受着巨大的压力。人们的活动空间越来越拥挤，可供开垦的土地越来越少，港口也因贸易量的增加而狭窄不堪。为了缓解陆地的压力，人们将目光投向了具有广阔空间的大海，希望在那里建造新的生存空间。

围海造田

　　一些土地资源有限的国家为了发展本国的农业，选择了围海造田的方法来扩充土地，"风车之国"荷兰就是一个典型的例子。早在13世纪，荷兰就开始了围海造田工程，但由于地势低洼，新开拓出来的农田往往有很多积水，于是荷兰人就建造风车来抽水。如今我们在荷兰所看到的风车大都是为了抽水而修建的。现在，风车已经成为荷兰的一种文化标志。

回澜·拾贝

　　围涂　根据有关部门考证，中国东部淮海平原、长江中下游平原、珠江三角洲平原等很多地区是由滩涂淤积和人类开发共同作用而成的。

　　工程　围海造田并不是单纯地填海，为了保证开拓出来的土地在日后能够正常使用，通常还需要修建排水闸。

　　利用　围海造田后，为了最大限度地开发土地资源，人们会根据这片区域的具体条件选择利用方式。

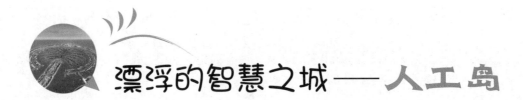

漂浮的智慧之城——人工岛

千百年来，人类一直试图通过自己的努力在海上开辟出另一番天地。如今，一座座独立的人工岛陆续出现，不仅承载着人类对海洋空间的美好向往，还勾勒出海洋空间利用的伟大蓝图。

人工岛

人工岛是填海造地的典型产物，主要是在小岛或者暗礁的基础上发展起来的。与围海造田一样，人工岛也有着悠久的历史。早在史前时期，欧洲就出现了人工岛的雏形。早期的人工岛是人们用树木或者巨石在浅水海域建造而成的，而现在的人工岛则多数是通过填海建造而成的，如日本的神户人工岛、迪拜的棕榈岛等。

世界第八大奇迹

被誉为"世界第八大奇迹"的棕榈岛位于全球性国际金融中心之一的迪拜，是目前世界上最大的人工岛。它由4个群岛组成，每个岛上都有豪华的住宅和其他建筑。据有关部门估算，这座人工岛的总花费在140亿美元左右，堪称耗资巨大的工程。这项工程为迪拜增加了720千米的海岸线，已成为迪拜著名的旅游景观。

人工港口

　　港口是船舶运输的枢纽，也是国际物流的集散地，其吞吐量直接关系到本地区乃至本国海洋贸易的发展。随着国际贸易往来更加频繁，一些国家开始投入大量资金和人力修建港口。荷兰的鹿特丹港、阿联酋迪拜的杰贝拉里港、中国的天津港以及中国台湾的花莲港都是世界著名的人工港。

中国的天津港

科伦坡港

　　科伦坡是斯里兰卡最大的城市和商业中心，而科伦坡港则是印度洋的重要港口。科伦坡港建于1912年，是世界上最大的人工港口之一，有"世界航线中转站"的光荣称号。经过多年的发展，现在的科伦坡港港口面积已经达到2.4万平方米，港内可停靠各种大型船舶，装卸设备十分先进，成为斯里兰卡最重要的港口。

神户机场

日本海上机场

日本是人工岛建造成就十分显著的国家，长崎机场、东京国际机场以及神户机场都是世界著名的人工岛机场。长崎机场建于1975年，是世界上第一座海上机场。这座机场是自然岛屿与填海造陆的完美结合，其跑道经过扩建后长达3000米。2006年竣工的神户机场位于独立的人工岛上，堪称一幅另类的海上美景。

香港国际机场

修建海上机场可以节省土地资源，充分利用海洋空间，是海滨城市机场选址的新方向。世界上的海上机场很多，形似飞机的香港国际机场就是其中之一。香港国际机场位于新界大屿山赤鱲角，占地1200多公顷，机场面积的3/4通过填海而成，共用约1.8亿立方米的建筑材料。经过数年的发展，香港国际机场已经连续多次被评为"五星级机场"。

澳门国际机场

　　由中国港湾建设总公司于1995年建设而成的澳门国际机场是中国第一个完全通过填海造陆修建的机场。多年来，它像纽带一样连接着珠江三角洲和世界各地，为澳门经济的繁荣作出了重要贡献。在修建之时，建设者们先用巨型石头以及水泥钩连块在茫茫大海中围成地基，然后运送大量沙土填海，最后在上面铺设跑道。

安瓦吉群岛

　　安瓦吉群岛是2006年巴林王国建造的著名人工岛，共耗资约15亿美元。该群岛坐落在巴林王国东北部，被广阔的大海和绚丽的人工礁湖所环绕。岛上建有诸多豪华的滨海住宅，堪与迪拜的棕榈岛相媲美。现在，安瓦吉群岛已成为巴林王国著名的旅游胜地。

回澜·拾贝

　　人工岛最多　日本是目前世界上建造人工岛最多的国家。第二次世界大战后，在短短的40年间，日本人工造陆就达2000多平方千米。

　　航空母舰　航空母舰是一种大型的水面舰艇，可以为飞机提供起飞和降落服务。受到它的启发，人类开始研究修建海上浮动机场。

水底通道——海底隧道

　　海底隧道的出现是人类交通历史上的一大进步。它们充分利用海底空间，使海峡两岸的人们可以方便快捷地往来。这种穿越海湾与海峡的交通方式是人类科技与智慧的结晶，未来会被广泛应用。

隔海相望的困扰

　　在海底隧道没有出现前，人们主要通过船舶往返于两岸之间。如果遇上风暴等天气，船舶不能贸然出海。这样一来，人们必须驾车沿着海岸绕出很远的距离或搭乘飞机才能到达对岸，费时、费财。另外，单从货物运输方面来说，隧道车辆运输也比船舶运输方便得多。

海底建隧道

　　为了寻找海峡之间更方便快捷的交通方式，人类对海底隧道展开了积极探索。1964年，连接日本本州青森与北海道函馆的青函海底隧道正式动工，这是世界上第一条海底隧道。随后，世界上很多国家开展了海底隧道工程，如英吉利海峡隧道、日本对马海峡隧道、中国厦门翔安隧道、中国青岛胶州湾隧道等颇具规模的海底隧道。如今，全世界已经建成和正在建设的海底隧道共有20多条，这些伟大的工程为人们的出行提供了很大的便利。

青函隧道

　　世界著名的青函隧道横穿津轻海峡，海底隧道部分长23.30千米，全长达53.85千米，目前是世界第一长的隧道。青函隧道的建造耗时13年5个月，过程可谓十分艰辛。津轻海峡的海底地质情况特别复杂，容易发生塌方事故。为了防止这种情况的发生，修建人员必须采取相当耗力的保护措施。而且，两支挖掘队必须承受高温度和高湿度的双重考验，条件十分艰苦。各种不利因素综合到一起使工程的进度非常缓慢。工程竣工后，两地彻底结束了完全依靠海上运输的历史。现在，人们搭乘电气化列车只需30分钟就可以到达对岸，而之前乘坐渡轮需要4个小时，青函隧道的意义可想而知。

英吉利海峡隧道

英吉利海峡隧道全长为50.5千米，其中有37.9千米位于海底，是迄今为止海底部分最长的海底隧道。20多年来，它一直肩负着连接英国与法国等其他欧洲国家的重要任务。这个伟大的工程早在19世纪初就被提出，但遭到英国民众的强烈反对。千百年来，英国人一直将英法之间的英吉利海峡视为天然防线。很多英国人担心海底隧道建成后，英国将会面临被侵犯的危险。无奈之下，英国政府当时只好选择放弃。

1986年，英法之间建设海底隧道的构想终于付诸实践。在经过两年的勘测后，这项浩大的工程开始动工。英法两国的建造大军从各自的海岸出发，向英吉利海峡中心挺进。1994年，由欧洲隧道公司组织的这项工程历时6年终于竣工。至此，这条隧道将英国与欧洲其他各国紧密联系起来。这项工程也因巨大的规模和伟大的成就被评为"世界七大工程奇迹"之一。

欧洲之星

　　在英吉利海峡隧道建成后不久，连接英国伦敦与法国巴黎、里尔以及比利时布鲁塞尔的高速铁路开通服务，第一班"欧洲之星"列车开始正式运营。经过数年的发展，现在"欧洲之星"列车的最高时速可以达到300千米，从伦敦到巴黎只需要2小时15分钟，到达布鲁塞尔的时间则更短。而且，每日会有多个班次往返于几地之间，十分便利。

翔安海底隧道

　　2005年8月，由中国专家自主设计的贯通厦门和翔安的海底隧道正式开工建设，这是中国大陆第一条海底隧道。翔安海底隧道是世界上第一条采用钻爆法施工的海底隧道，全长为8.695千米，其中海底隧道部分长约4.2千米。2010年4月通车后，这条隧道将厦门本岛到翔安的时间由原来的2小时缩短为15分钟。翔安隧道的建成对中国隧道建设技术的进步和发展有着里程碑式的意义。

胶州湾隧道

　　青岛胶州湾隧道连接着青岛市市南区和黄岛区，全长为7.8千米，大约有3.95千米位于海底。胶州湾隧道地处火山岩以及火山群地带，覆盖层特别薄，因此不得不穿越多条断层破碎带，但这些困难并没有难住施工人员。经过不懈努力，2011年6月，胶州湾隧道顺利建成，正式投入运营。

一举多得的海底隧道

与其他交通工程相比，海底隧道虽然造价偏高、地质勘查相对困难，但是却有着无可比拟的优越性。海底隧道不会破坏海上航运的正常进行，不会过多占用陆上紧张的空间资源，因其隐蔽性也不会破坏景观，最重要的是能够全天候通行。这些优势使得海底隧道的发展前景非常广阔。

繁忙 中国香港的海底隧道是世界上最繁忙的4线行车隧道之一，每天的车流量在40万车次左右。

经济圈 中韩海底隧道的构想如果实现，东北亚地区就会形成巨型的经济圈，周边国家和地区会从中受益。

未来设想

中国辽宁大连和山东烟台是两座直线距离不远的城市，但因为渤海海峡的存在，人们需要沿着海岸绕出很远的距离才能到达。人们从大连到烟台驾车需要12个小时，乘坐渡轮也需要6个小时。为了促进两地的经济发展，中国政府已经将建设渤海海峡海底隧道的项目提上日程，相信两地直线通行的日子不久就会到来。

近年来，中韩两国的贸易量逐渐增加，文化与经济交流越发频繁。为了巩固经济成果，进一步推动两国发展，有人提出建设中韩海底隧道的构想。不过，这一构想能否实现，还有待研究。

信息传播的天使——海底光缆

当今信息科技飞速发展，遍布全球的通信体系将世界不同地区紧密联系在一起。海底光缆是通信信息传递的重要介质，有了它们，国际通信不再受距离限制，相隔千万里的人们也能够实现实时交流。

海底电缆

海底电缆是敷设在海底的电缆，主要用于传输通信信号。1850年，法国的电报公司在英吉利海峡底部敷设了世界上第一条海底电缆，用于发送电报密码。1866年，英国敷设了一条跨越大西洋的海底电缆，使欧美大陆能够方便地进行电报通信。1876年，电话的发明使海底电缆得到大规模发展，为海底光缆的发展打下了坚实的基础。

海底光缆

就在海底电缆如火如荼地发展的时候，光纤技术的突破为人类的通信带来一场变革。光导纤维这种新型导体一经出现就引起轰动，在通信方面具有非常好的效果，海底光缆应运而生。从20世纪90年代开始，海底光缆的地位已经能与通信卫星并肩，成为重要的洲际通信手段。

海底光缆的优势

第一条海底光缆诞生后，海底光缆通信如雨后春笋般发展起来。海底光缆容量大、保密性高，具有十分优异的传输质量。此外，与陆上光缆相比，海底光缆的投资成本较低，建设效率也占有优势，不易受外界因素干扰。众多优势集于一身的海底光缆，如今已经承担了90%的国际通信业务，是世界信息传播的主要载体。

敷设与维修

海底光缆的敷设和维修是公认的困难工程，因为工程需要克服深海高压、海水扰动等不利因素。为了克服这些困难，人们研究设计了光缆敷设船和遥控潜水器等先进施工设备。在这些设备的紧密配合下，深海光缆的敷设就不那么困难了。与敷设相比，海底光缆的修复更为复杂，查找断点、光缆打捞、光缆修复、光缆检验……无论是哪个环节，都需要克服重重困难才能使修复工作顺利进行。

回澜·拾贝

中美海底光缆　连接亚洲与北美的中美海底光缆系统是世界著名的国际光缆之一，全长达3万千米，由来自世界不同地区的23个电信机构共同建造。

水下机器人　在对海底光缆进行修复时，需要水下机器人利用自身的高压水枪装置在海底淤泥中"挖掘"出沟渠，将修复好的海底光缆放进去。

蔚蓝油画中的彩虹——海上桥梁

有人将海上桥梁形容为维系两岸的纽带，也有人将海上桥梁形容为经济发展的关键命脉，这两种比喻都恰如其分。碧波之上，蓝天之下，每一座桥都是如画风景，感受着风浪的洗礼，也在见证经济的繁荣。

法赫德国王大桥

以沙特阿拉伯国王法赫德的名字命名的法赫德国王大桥矗立于美丽的波斯湾，全长达25千米，是一座跨海公路大桥，连接着巴林和沙特阿拉伯。这座世界著名的大桥由沙特阿拉伯于1981年修建，历时4年，耗资约12亿美元。为了方便两国往来，人们还在沙特阿拉伯与巴林水域的相交点修建了两座人工岛，用以设置海关和边防站等。

金门大桥

金门大桥是世界著名的桥梁之一，也是近代桥梁工程的一个奇迹。它雄峙于金门海峡上，修建于1933年，由约瑟夫·斯特劳斯担任首席设计师，全长为2737.4米，拥有高达227.4米的巨型桥塔，设计超凡脱俗，让人叹为观止。

海湾大桥

　　海湾大桥全称"旧金山—奥克兰海湾大桥"，位于美国旧金山，建成于1936年，连接着旧金山、耶尔巴布埃纳岛和奥克兰，是世界上跨度最大的桥梁之一。海湾大桥是横跨美国的州际公路的重要组成部分，每天约有24万车次的通行量。由于时间久远以及地震等原因，海湾大桥曾进行过几次修复。

加拿大联邦大桥

　　加拿大联邦大桥被称为"现代桥梁工程巅峰之作"，是一座省际跨海公路大桥，全长约为13千米，是加拿大爱德华王子岛与新布伦瑞克间除水路之外唯一的通道。这座大桥采用超大预制块设计，堪称现代桥梁工程的典范。这座桥梁的成功修建彻底打破了爱德华王子岛孤立的状态，为其农业和旅游观光业带来新的生机。

丹麦大贝尔特桥

　　丹麦有一座世界知名的跨海大桥，就是大贝尔特桥。大贝尔特桥横跨大贝尔特海峡，将西兰岛与菲英岛紧密联系在一起，被当地人视作两地的交通动脉。大桥由3部分组成，西兰岛与斯普奥岛之间为悬索桥(东桥)和海底隧道，而从斯普奥岛到菲英岛之间为箱梁桥（西桥）。人们通常把东桥称为"大贝尔特桥"。东桥建于1991—1998年，全长为6790米，是一座双塔结构悬索桥，两桥塔间跨度为1624米，桥面最高处距海平面65米。整座桥的建设费用较高，总投资高达55亿美元。

日本濑户大桥

　　位于日本濑户内海的濑户大桥是全球闻名的两用桥，由吊桥、斜张桥、梁桥等多个部分组成，连接着从沿岛到冈山再到香川的5座岛屿。濑户大桥全长达37千米，是名副其实的桥梁群。因为独特的设计，濑户大桥也是日本比较受欢迎的观光场所，每天都有不少游客前去参观。

港珠澳大桥

港珠澳大桥是"一国两制"框架下、粤港澳三地首次合作共建的超大型跨海通道，全长55千米，设计使用寿命120年，总投资约1200亿元人民币。大桥于2003年8月启动前期工作，2009年12月开工建设，筹备和建设前后历时达15年，于2018年10月开通营运。

大桥主体工程实行桥、岛、隧组合，总长约29.6千米，穿越伶仃航道和铜鼓西航道段约6.7千米隧道，东、西两端各设置一个海中人工岛（蓝海豚岛和白海豚岛），犹如"伶仃双贝"熠熠生辉；其余路段约22.9千米为桥梁，分别设有寓意三地同心的"中国结"青州桥、人与自然和谐相处的"海豚塔"江海桥以及扬帆起航的"风帆塔"九洲桥三座通航斜拉桥。

高要求　与内陆桥梁相比，海上桥梁的跨度一般比较长，而且受地理环境的影响，桥梁的修建存在很多不稳定因素，所以整个修建过程对技术和设备的要求都比较高。

奥克兰海港大桥　位于新西兰的奥克兰海港大桥与旧金山—奥克兰海湾大桥有着相似的名字，但两者相距甚远。这座大桥的显著特点就是桥上设有蹦极跳台，游人可以尽情体验惊险刺激的蹦极运动。

就餐新体验 —— 海底餐厅

　　在海底就餐对于在陆地上生活的人类来说似乎是遥不可及的事情。但近年来，人们却把这种梦想变成了现实。设想一下：你在神秘的海底一边惬意地喝着下午茶，一边观赏着奇特的海底美景，绝对别有一番滋味。

首家海底创意餐厅

　　如果你想在度假胜地马尔代夫享受美食，那么名为"ithaa"的海底餐厅会是一个不错的选择。"ithaa"海底餐厅是世界上第一家海底餐厅，建成于2004年。餐厅位于海平面以下5米处，四壁完全由有机玻璃制成，具有很好的透视效果。顾客可以在就餐的同时看到绮丽多彩的珊瑚、暗礁以及姿态各异的热带鱼。餐厅为了照顾餐厅外鱼儿们的感受，并不供应鱼类美食，这也是餐厅特色之一。

红海之星

以色列南端的滨海城市埃拉特是潜水胜地，那里的珊瑚礁是吸引人们常去度假的重要因素。在埃拉特的海边矗立着一座栈桥，栈桥的另一边连接着红海之星水下餐厅。红海之星为一家综合性餐厅，海上的部分是可以容纳90人的娱乐会所，海下的部分则是独具特色的海底餐厅。

红海水域的环境条件非常适宜珊瑚生存。为了打造出具有观赏价值的海底餐厅，餐厅负责人请职业潜水者把海洋中一些已经遭到破坏的珊瑚礁移植过来。久而久之，海底餐厅的四周慢慢被珊瑚包围，形成了独特的风景。现在，人们只要透过海底餐厅的窗子就可以欣赏到别致的美景。因为埃拉特的海拔本身就已经接近0米，所以低于海平面6米的红海之星餐厅自然就变成了世界上海拔最低的海底餐厅。

迪拜海底餐厅

迪拜有一家闻名遐迩的海底餐厅——Ossiano海底餐厅。这家餐厅位于棕榈岛的亚特兰蒂斯度假酒店。据说这家餐厅的设计灵感来自沉没之城——亚特兰蒂斯。设计师在那里建造了很多石柱等具有古国气息的建筑，为人们营造出了奇特的视觉盛宴。

Ossiano海底餐厅用观景玻璃与色彩斑斓的海洋世界相隔，内部空间开阔，包括由海螺形状的立柱隔开的用餐区和酒吧区。酒吧区由紫色的水晶石打造，犹如奇幻的水晶宫；用餐区吊顶采用银色的建筑材料，看起来宛如美丽的贝壳。

回澜·拾贝

水下俱乐部 马尔代夫的妮兰朵南环礁附近有世界上第一家水下俱乐部Subsix，它深入印度洋水下约6米，奢华典雅，可以带给游客别致的海底游览体验。

水族馆 受海底餐厅的启发，很多水族馆开始向水族餐厅过渡，使游客可以在多姿多彩的海洋生物的陪伴下就餐，而且价格比海底餐厅优惠。这种新型的餐厅日益受到人们的喜爱。

度假者的乐园—— 多彩海滨

　　海滨风光秀丽，景色宜人，是游客心目中理想的度假胜地。在海滨，游客可以体验刺激好玩的冲浪，观赏别致有趣的帆船运动，加入沙滩排球队尽情玩耍，潜入海中观赏美丽的海底世界……多种多样的海滨运动，魅力无限的海滨风景，会让游客流连忘返。

激情冲浪

　　在海浪汹涌的地方，我们常会看到随浪花起舞的冲浪人。他们与海浪赛速度、比激情、拼勇敢，对冲浪有着不能割舍的偏爱，对海洋有着难以言语的深情。太平洋的"十字路口"夏威夷群岛、加拿大的托菲诺和摩洛哥等地都是理想的冲浪地。

扬帆起航

帆船作为一种水上交通工具已有5000多年的历史，而现代帆船运动则起源于低洼之国荷兰，并于1896年被纳为奥运会比赛项目。帆船运动对场地要求很高，不仅需要有适宜的海风，还需要有开阔的海面。在中国，青岛凭借得天独厚的地理优势成为世界著名的帆船胜地。这里风景秀丽，气候宜人，还有专业的帆船运动培训学校，每年都会吸引大批游客前来。

沙滩排球

沙滩排球是一项风靡世界的体育运动，20世纪20年代发源于美国加州的圣莫尼卡，后来逐渐传入欧洲。1996年，沙滩排球正式成为奥运会比赛项目，从此受到越来越多的人的追捧。沙滩排球对运动场地要求不高，只要有适宜的沙滩场地就可以。世界范围内的海滨度假场所大部分可以进行这项运动。

天然游泳馆

海洋是最大的天然游泳馆，也是潜水爱好者的理想潜水区。纯净的水质和美丽的景色是滨海区域成为度假地点的主要因素。土耳其南部的博得詹姆有天然温暖的水域，墨西哥坎昆海水的清澈程度足以与水晶媲美，皮皮岛上阳光明媚、海水碧蓝……这些地点都是游泳的佳地。

魅力潜水

作为一种休闲娱乐的方式，潜水运动从诞生起就备受人们的推崇。潜水运动有一定的危险性，需要在潜水师的帮助下严格按照要求进行。潜水可以让人体得到充分放松，可以让人与温顺乖巧的鱼儿共舞，可以使人看到海底的奇观异景，还能激发人们探索的热情。现在，已经有很多人考取了潜水执照，为的就是能充分感受海中世界。

回澜·拾贝

旅游业 海滨旅游是旅游项目的一个重要分支，近年来发展十分迅速。选择海滨旅游的人数呈逐年增长的态势。

海滨疗养院 海滨疗养是一种新兴的疗养模式，集疗养、休闲、娱乐于一体，可以为人们创造别致的海滨旅游体验。

人类探寻艺术的资料馆

　　海洋是一个丰富多彩的艺术乐园。迷人的海洋景观、独特的海洋民俗散发着优雅的气息，激发着人们对艺术的热爱。动听的海洋音乐，感人的海洋影视作品，独具特色的海洋建筑……这些充满海洋风情的艺术作品，让人们的生活更加美好。

海洋设计师的杰作——惊艳饰品

海洋生物资源给人类带来的不仅有味觉上的享受，还有视觉上的震撼。色彩斑斓的贝壳工艺品，婀娜多姿的珊瑚饰品，散发着耀眼光芒的珍珠……它们是海洋对人类的馈赠，丰富了人类的生活和文化，留给人们关于大海的无限遐想。

闪亮的珍珠

早在远古时期，人们就已经在海边的贝类中发现了璀璨圆润的珍珠。这种晶莹细润的圆珠价值超过金灿灿的黄金，尤其是海水珍珠更是不可多得。广西合浦是中国海水珍珠的主要产地，那里的珍珠粒大质优，是珍珠中的上品。另外，大溪地、夏威夷等地盛产黑珍珠，缅甸、印度以及菲律宾等地盛产金珍珠。这些带颜色的珍珠是稀有品种，由其制作而成的饰品价格不菲。

奇特的贝壳

同珍珠相比，贝壳的价值略逊一筹，但人类不会就此将它们埋没。一些具有光泽的贝壳常被用作精美的装饰品或者被制作成富有个性的首饰。造型各异的贝壳有的化身为贝雕，有的变成拼贴画的一部分，有的则被镶嵌在一些刀柄上。不过，贝壳的变身过程是相当复杂的，只有经过打磨等多道工序才能制作出精美的饰品。

稀有的红珊瑚

　　自古就被视为富贵、祥瑞象征的红珊瑚一般生长在人迹罕至的深海，是一种有机宝石。红珊瑚生长得非常缓慢，而且只存在于一些特定海域，因此特别珍贵。中国清代时期，一些官员的帽顶和朝珠就是用红珊瑚制作而成的。在一些收藏家的眼中，红珊瑚被视为会增值的无价之宝。

灵感的源泉

　　浩瀚的海洋是设计师的灵感源泉。蓝蓝的海水、汹涌的海浪、千奇百怪的海洋生物，甚至海洋与生俱来的神秘和深邃，都会给予设计师深深的启发。在很多珠宝、首饰以及服装上，人们总能追寻到海洋的影子，这种元素不是刻意添加上去的，而是人类对海洋情感的自然流露。

回澜·拾贝

　　药材　珍珠除了是美丽的饰品，还是一种名贵的中药材，具有镇静安神、美容养颜、止咳化痰的医用功效。

　　濒危　由于生长条件特殊，数量稀少、价值很高的红珊瑚已经被中国列为国家一级保护动物。

源自海洋的灵感——海洋音乐

　　海洋是人类音乐创作的源泉，以独特的魅力激发着人们歌唱的热情。扬帆大海的古代水手敲击着激昂欢快的鼓点，沿海而居的渔民在捕鱼的过程中歌唱生活……这是纯真质朴的劳动之歌。此外，海洋的美景、美妙的涛声都容易激发艺术家们音乐创作的灵感，让他们不断创作出优美动听的旋律。

劳动之歌

　　水手们在划桨和扬帆时喜欢高喊有节奏的号子，而渔民们在劳作之余也会唱起让人放松的船歌，这些纯真质朴的歌曲和调子一直被传唱至今。

　　每当有人出海打鱼时，海岸和码头上总会传来阵阵歌声，这是渔民对家人担心的安抚，也是他们对出海劳作成果的期许。夕阳西下，踏着晚霞归来的人也会在上岸时高歌一曲，以表达自己收获的喜悦之情。千百年来，渔歌早已融入渔民们的文化之中。

舟山渔歌

　　动听的舟山渔歌是浙江民间文化中一朵耀眼的奇葩，广泛流传于舟山地区。舟山渔歌富含浓郁的海洋气息和渔乡风情。海洋航行、海洋气象、打鱼工具、鱼类习性等内容在舟山渔歌中都有明确的体现，有些词句还包含丰富的人生哲理和生活常识。其主要代表作品有《摇橹号子》《渔家乐》《渔鼓调》等。

激昂的鼓声

　　根据史料记载，航海民族腓尼基人和古埃及的水手是古典乐器的使用者。在腓尼基人的航船上有专门敲鼓的司鼓者，负责敲击出有节奏的鼓点，船队的其他成员靠鼓点来统一划船动作和节奏。在倾听鼓声的同时，船员也会喊出相应的号子以示配合。另外，据专家考证，埃及水手也是通过这种方法指挥整个船队的。

埃及鼓手

埃及船只模型

现代多元音乐

　　随着海洋文化的发展，海洋音乐呈现出多元化的发展趋势。很多歌曲创作人开始在海洋中寻求灵感，并创作出许多优秀的歌曲作品，如《大海啊，故乡》《军港之夜》《水手》《大海》等。这些作品或激情洋溢，或沉静温婉，无不彰显出海洋的独特魅力和强烈的人文色彩。

海景之歌

　　令人惊叹的海景有时也会给创作者带来灵感，世界著名的《苏格尔岩洞序曲》就是音乐家门德尔松观看海景时即兴创作的。据说在北大西洋赫布里底群岛上有一个奇特的岩洞，门德尔松偶然发现了它，并被它发出的声音所吸引。经过研究，他发现岩洞的声音是海浪拍击岩石造成的。这种声音激发了门德尔松的灵感，他回到家后用钢琴诠释出了这种声音。

西贝柳斯　芬兰著名作曲家西贝柳斯对海洋有着深深的眷恋。少年时，他在外出求学的过程中时常与大海为伴，后来他创作的《D小调小提琴协奏曲》就源自这段经历。

《海滨音诗》　中国著名作曲家秦咏诚曾在1962年创作了乐曲《海滨音诗》。这首曲子以海洋为背景，充分展现了海洋风光的美好，表达了人类对海洋的热爱。

《春之海》的诞生

盲人音乐家宫城道雄曾创作了一首《春之海》。这首由筝和尺八协奏的二重奏名曲奏出了苍凉之美，闻名世界。其实，这首曲子的创作灵感来自海洋。7岁以前的宫城道雄还没有失明，那时他经常到濑户内海泛舟。就是这些经历在后来给了他无限的创作灵感，也因为曾经的那些美好画面，《春之海》才得以诞生。

艺术与自然的火花 —— 海洋影视

人们总是能从浩瀚的海洋中挖掘到影视创作的灵感，利用镜头记录下海洋的神秘和难以捉摸。在观看以海洋为题材的影视剧时，观众可以切实感受到海洋的魅力，还能够通过影片故事激起内心对人性的思考以及对海洋的无限热爱。

纪录片的灵魂

海洋世界的魅力很少有人能够抵挡，单是形态各异的海洋生物就足以让人惊叹生命的多彩和伟大。以自然题材为主的纪录片时常会请海洋动物扮演影片中的主人公。2009年，法国导演雅克·贝汉拍摄的大型纪录片《海洋》与公众见面，一经上映就引起社会各界的广泛关注。

犹如史诗巨著的《海洋》拍摄工程巨大，剧组的拍摄足迹遍布全球50多个地区，动用了70多艘海船，共拍摄了100多个海洋物种。专业的团队和后期精良的制作为观众呈现了超级震撼的视觉盛宴。除了完美的生物画面，影片还涉及很多有关海洋环境污染的内容，旨在向人们传达海洋保护的重要性，具有深刻的教育意义。

战争片的基地

　　自古以来，很多著名战役发生在海上。第二次世界大战后，为了宣扬和平、抵制战争，人们将寓意深远的海战片搬上了大银幕。当硝烟弥漫的海面、被武器轰起的巨浪、充满血腥与杀戮的战争场面等浮现在我们的眼前时，又岂是震撼一词能够形容的？人们感受更多的是战争背后的创伤和悲凉。

　　谈起海战片，我们不得不提《珍珠港》这部作品。由导演迈克尔·贝执导的这部影片在2001年收获4.31亿美元的票房，成为当时的全球票房冠军。后来在某奖项的角逐中，《珍珠港》拿到最佳音效奖。这部再现"二战"浩劫的影片让世人切实感受到了战争的残酷，唤起了人们对和平的热爱。

灾难片的素材

　　当自然界的灾难悄无声息地来到时，人类往往会惊慌失措并且被莫大的恐惧感所困扰，以致忘了如何去应对。不过，在灾难降临时，我们也能看到人性的光辉。影片《泰坦尼克号》是海难片中的巅峰之作，在讲述永恒爱恋故事的同时，也展示出了灾难的无情。有人称它为"史无前例的宏伟巨作"，因为片中的情节震撼人心，爱情荡气回肠，能够引发观众对于爱情和人性的无限思考。

　　1975年6月，惊悚片《大白鲨》在全美一经上映就成了各大影院的宠儿。《大白鲨》改编自一部小说，而这部小说的构思来源于一次真实的鲨鱼袭击事件。影片将大白鲨袭击场面刻画得入木三分，让人毛骨悚然，而且很多悬疑情节与音乐的搭配也紧凑而富有张力。《大白鲨》上座率高，内容独树一帜，成为海洋体裁影片中的典范。

动画片的乐园

神秘的海洋世界是动画大师灵感的源泉，一部部充满童趣的梦幻作品正是海洋深情孕育的结果。不论是中国第一部大型彩色宽银幕动画片《哪吒闹海》，还是数码动画片《海底总动员》，抑或是长篇动画剧集《海贼王》，都与浩瀚的海洋有着不解之缘。这些动画片伴随我们走过天真快乐的童年，塑造了我们关于海洋的梦想。

《哪吒闹海》剧照

回澜·拾贝

雅克·贝汉　除了影片《海洋》，法国导演雅克·贝汉还曾执导过纪录片《迁徙的鸟》。这部以鸟类为题材的纪录片为他赢得了奥斯卡提名的殊荣。

《甲午风云》　这是中国电影史上一部标志性的海战片，生动地再现了中日之间丰岛、黄海两次海战，是中国战争片中的艺术经典。

《海底总动员》剧照

海洋艺术的精髓 —— 临海建筑

千百年来，沿海地区的人们习惯于临水而居，从第一所沿海房屋诞生的那个时刻开始，海洋建筑艺术就已悄然走进人们的生活。现在，我们在海滨看到的不少临海建筑就有浑然天成的艺术气质。

悉尼歌剧院

悉尼歌剧院造型独特，就像一枚枚散落在蓝色海洋上的洁白海贝。它始建于1956年，因为工程难度高、资金匮乏，直到1973年才竣工。悉尼歌剧院是20世纪诞生的最具特色的建筑之一，也是澳大利亚悉尼市的标志性建筑。它三面环海，与悉尼海港大桥相邻，与政府大厦遥遥相望。每当华灯初上，这个海洋与人类的杰作就会散发出耀眼的光芒。

迪拜伯瓷酒店

世界著名的七星级伯瓷酒店位于阿联酋迪拜的一座人工岛上，高321米，地上建筑有56层，宛如兜满海风的白帆傲视着整个阿拉伯海。伯瓷酒店以其豪奢著称，酒店墙上挂着著名艺术家的油画，房间里镶嵌着闪耀的黄金饰品。伯瓷酒店还设有专用的机场和海底餐厅，可以让游客畅游碧海蓝天，感受海洋的独特魅力。

圣托里尼

在神秘的爱琴海深处有一个童话般的海岛——圣托里尼，岛上有白云般洁白的门窗、海水般湛蓝的钟楼，还有海风气息浓郁的旖旎风光。历史上，这里经常有火山喷发，但勤劳智慧的人们却在这片神奇的土地上建设了自己的家园。圣托里尼的建筑风格多为洞穴式，纯白色的建筑基调与蓝色的海洋遥相呼应，会让游览的人瞬间沉醉其中。

马拉帕特别墅

意大利作家库尔齐奥·马拉帕特在那不勒斯卡普里岛的一处悬崖上修建了一座别墅。这座映衬在海洋与绿树之间的别墅是文化与建筑艺术的完美结合。马拉帕特别墅雄踞伸进大海的山巅，占据整个悬崖。别墅三面墙上的窗户都面向大海，透过这些窗户，人们可以看到不同的海景。

马尔代夫水屋

马尔代夫是很多人向往的度假胜地，这里的水屋让游人流连忘返。马尔代夫的水屋建在清澈见底的海面上，每个水屋都建有露台。通过露台，游人可以随时观赏屋外的美景。

蓬莱避风亭

蓬莱阁位于山东蓬莱城北丹崖山，是中国海洋建筑中的精品。它临海远眺，时有云雾相伴，恍若人间的一处仙境。蓬莱阁修建于1513年，距今已有500多年的历史。蓬莱阁上的避风亭有弧形短墙相护，具有令人惊叹的避风效果，这也是它高居峭壁却不受海风侵袭的原因。独具匠心的避风亭是中国劳动人民智慧的结晶，具有非常高的研究价值。

巴厘岛海神庙

　　建在巨石上的海神庙是巴厘岛著名的旅游景观之一。这座庙始建于16世纪。每当涨潮时，海神庙便会被海水包围，独自立于苍茫的大海之中；潮落时，海神庙就会与陆地相通。海神庙四周的景色清新雅致、超凡脱俗，所以这里是众多摄影爱好者的最爱。

回澜·拾贝

　　艺术圣殿　悉尼歌剧院是建筑史上的典范，也是世界著名的艺术表演圣殿，很多艺术家渴望在这里表演。

　　渊源　中国与马拉帕特别墅有一段特别的渊源。库尔齐奥·马拉帕特曾经受邀访华，在此期间被中国人民的善良深深打动。他临终之际决定把马拉帕特别墅赠给中国的作家和诗人，但因为当时两国没有建交，这件事情便被搁置了。

 # 海洋文明的传承——多样民俗

　　人们在与海洋相遇、相知、相伴的漫长过程中，形成了很多具有海洋特色的习惯和风俗，并逐渐成为人们生活中的一部分，无法割舍。这些习惯和风俗在人们世世代代的传承下逐渐变成了一种海洋文明。

妈祖节

　　据传，古代中国的福建莆田一带有一名叫林默的女子。她聪慧过人，精通医学，还善占卜之术，经常帮助渔民预测天气。28岁那年，林默在一次救人时溺水而亡。后来渔民们出海屡次化险为夷，便认为是林默显灵。为了纪念她，人们尊她为"妈祖"，还为她修建了妈祖庙。

　　每逢妈祖元宵、妈祖诞辰和妈祖升天的日子，部分沿海地区会举办盛大的活动。人们会组织好队伍抬着妈祖像游街，还会敲锣打鼓向妈祖致意。现在，妈祖文化已经颇具规模。在庙会举办的过程中，人们会表演各种节目，如木偶戏、莆仙戏等。

食 俗

　　渔民出海，要在海上吃饭。在海上做饭离不开鱼，尤以大锅煮鱼为主。海上煮鱼，程序简单，但却是鲜美无比。当开完网后，船员们便把应当吃的鱼选出来，吃哪些鱼，由负责做饭的船员先选。渔家海鲜饮食讲究和谐搭配。在长期的生活中，人们逐渐琢磨出海鲜与蔬菜类、肉类、粮食类搭配食用的方式。不同的季节，应当吃不同的海鲜。鱼类、蟹类等都有最肥美的季节和最瘦的季节，沿海渔家很注意这一点。

衣 俗

　　勤劳淳朴的渔家女子因为长期在海边劳动而形成了独特的穿衣风格。在福建惠安，为了避免阳光的暴晒和海风的侵袭，渔家女一般将自己的头部用方巾和斗笠裹得严严实实。另外，短小的上衣能避免衣襟因弯腰而浸湿；宽松的黑裤子则能在湿透后快速风干，不至于紧紧箍在腿上而妨碍劳作。

住 俗

　　因地制宜、就地取材是沿海居民建房的主要风格。渔民建造房子所用的材料简单易得，一般来自他们平时的生产和劳动，既经济又可靠。他们通常用坚硬的石头砌墙，然后收集丰富的茅草、海草建造房顶。这种房屋地基坚固，可以抵御台风，茅草和海草可以防止房屋过于潮湿，冬暖夏凉。

婚 俗

沿海人的婚俗虽然看起来有些复杂，但确实是面面俱到。男方在给岳父母送礼时往往需送一对大黄鱼，而且送鱼时鱼头要对着女方的家门。女方回礼时往往也要送成对的大黄鱼，寓意新人婚姻幸福美满，多子多福，白头到老。婚礼宴席上，人们喜欢就地取材，用各式各样的海产做成鲜美无比的海鲜盛宴。夫妻成婚后，每逢中秋和端午佳节，女婿需要带礼品看望岳父母，象征"富贵有余"的鱼自然必不可少。

造船习俗

除了衣食住行风俗，渔家人对造船也非常讲究。渔民会选择合适的时间、地点进行造船。

象山开渔节

浙江象山被大海环绕,当地渔民以往有捕鱼前祭海的风俗。在当地政府的大力扶持下,渔民自发举行的祭海节日上升为海洋风味浓厚的盛大节日——象山开渔节。在节日庆典上,人们举行传统仪式,表达对海洋的敬畏。仪式完成后,锣鼓喧天,渔船竞相开往大海,场面非常宏大,引来大量游客参观游览。

文学元素 海洋风俗是海洋文化的一种,能够反映沿海人民的生活和生产方式,是文人墨客心中的文学元素。

保护海洋资源

　　海洋将宝贵的资源无私馈赠给人类，但人类的一些不合理开发行为却污染了海洋环境，影响了海洋生物的生存。我们应该树立保护海洋的意识，将保护海洋作为自己的责任，合理开发和利用海洋资源。

海洋污染

海洋用博大的胸怀哺育着人类，但环境的污染却给这位无私的母亲带来较大的伤害。昔日纯净的海水受到污染，海洋生物数量骤减，有的物种濒临灭绝甚至已经灭绝。近年来，工农业、采矿业越来越发达，虽然为人们带来巨大的经济利益，但同时也造成了严重的海洋污染。

黑色污染

石油、煤炭、天然气是当今世界三大能源，其中石油和煤炭的利用较为广泛。但是，这两种能源在被利用的同时产生了一系列的环境问题，其中就包括海洋污染。科学研究发现，海洋污染物中石油污染对海洋的破坏性最大。含油废水的直接排放、油船漏油、油田开采溢漏和井喷等都会造成石油污染，严重影响海洋生物的生长繁殖。

"埃里卡"号石油泄漏

1999年12月，满载2万吨石油的"埃里卡"号油船在白俄罗斯布列斯特港口海域附近沉没，造成大量石油泄漏，使当地海域遭到严重污染。当时这片海域飓风盛行，致使污染面积逐步扩大。事故发生时，正是很多海鸟的迁徙季节，大批海鸟刚刚来到这里越冬。据估计，这次石油泄漏事故造成了30多万只海鸟的死亡，其死亡数目让人瞠目结舌。

重金属污染

在一些工厂的生产和加工过程中，重金属会通过工业废水的排放等方式进入海洋，如汞、镉、铅、锌、铬、铜等。另外，煤炭和石油在燃烧时也会释放一些重金属物质，这些重金属会通过大气等渠道进入海洋。据估算，每年因人类活动进入海洋的汞达上万吨。

工农业废物污染

农业上大量农药、化肥的残留物，以及工业生产排放的油脂、糖醛、纤维素等物质进入海洋后会引起海水富营养化，从而引发赤潮，破坏海洋的生态平衡，恶化海洋环境。另外，很多城市和作业船舶将海洋视为大型的垃圾倾倒场，肆意堆排废弃物，严重损害了近岸海域的水生资源，影响沿岸景观。

核污染

　　核能为人类带来了巨大的经济利益，但核设施在运行过程中会释放出放射性物质，进而对周围环境造成严重的污染。如果核设施运行出现故障，还会造成大规模的核污染。2011年，日本的福岛核电站受海啸影响发生爆炸，引起大量放射性物质的扩散，给周围生态系统带来巨大灾难，甚至引发生物变异。

核污染引起的水果变异

核污染引起的蔬菜变异

脆弱的生态

　　海洋的浩瀚使人们误以为各种污染对于海洋来说都微不足道，其实这是一种错误的认识。多种多样的海洋污染问题早已经向我们敲响了警钟。联合国环境规划署的一份报告显示，环绕地中海的海岸线已经有14%的地段遭到严重污染，其中的污染物包括破坏力较强的石油、多种化学制品以及生活废弃物。正是它们破坏了地中海的生态系统，使那里的海洋生物大幅减少。

污染现状

　　海洋污染主要发生在靠近大陆的海湾，那里人口和工业区密集，废水和固体废弃物较多，再加上海岸线比较曲折，污染物不容易被"消化"，因此污染情况非常严重。目前，地中海、波罗的海、纽约湾、东京湾以及墨西哥湾等地是已知污染程度最为严重的海域，中国渤海、黄海、东海和南海的海洋环境也不容乐观。

回澜·拾贝

　　海洋垃圾　海洋垃圾是不容易被降解的人造固体废弃物，主要包括塑料制品、渔网、玻璃瓶等。这些垃圾会影响海洋景观，威胁航行安全，甚至会破坏海洋生态系统。

　　渤海污染　渤海是中国污染比较严重的海域之一，海域污染已造成赤潮泛滥、渔场迁移等问题。

生物骤减

　　海洋是海洋生物生长繁殖的乐园，然而人类的过度捕捞和无情猎杀使一些珍贵的海洋生物数量大大减少。此外，人类造成的一系列污染也破坏了海洋生态系统，导致海洋生物骤减。

过度捕捞

　　人类通过渔猎的方式捕捞海洋生物资源。随着科技的发展，渔业技术不断提高，人类对海洋的索取越来越多，甚至超过了海洋的承载能力，导致海洋渔业资源的萎缩。中国的舟山渔场曾经是世界著名的渔场之一，同时也是黄花鱼的主要产地之一。但是，由于当地渔民的过度捕捞，渔场里的黄花鱼已经非常稀少。如果人类继续过度捕捞，海洋生物资源有可能面临枯竭的危险。

无情猎杀

　　除了过度捕捞，现有的渔业生产还存在某些海洋动物遭到无情猎杀的现象。全球每年以买卖鱼翅为目的的鲨鱼捕捞量高达7000万头；商业捕鲸行为更是屡见不鲜，每年平均有数千头鲸鱼被杀。这些数字令人不寒而栗。为此，世界各国应该进一步加强合作，严厉打击过度捕杀海洋动物的犯罪行为。

气候危害

　　进入21世纪以来，全球气候变化异常，海水的温度逐渐升高，海洋中的浮游植物以每年2亿多吨的速度骤减。浮游植物是海洋动物的食物基础，它们的减少势必会破坏海洋食物链的平衡，从而影响鱼类、海鸟以及海洋哺乳动物的食物供应，给这些动物的生存造成威胁。此外，气候变暖还有可能引发海洋动物的大迁徙。到那时，南北两极会成为海洋动物们的迁徙目的地。可是，这种改变后续将会带来什么影响是无法预料的。

致命垃圾

海洋中存在很多塑料垃圾。这些垃圾很容易被海洋生物摄入体内，从而导致它们的死亡。法国发展研究院一位资深院士所作的报告指出，每年大约有1500万的海洋动物因误食塑料垃圾失去生命。可悲的是，海洋中这种致命的塑料垃圾还在持续增长。加利福尼亚与夏威夷之间的海域是全世界塑料垃圾污染最严重的地区，塑料垃圾面积已经超过3.5万平方千米。

海水污染

造成海水污染的因素有很多，但无论是哪一种，其结果都是残酷的——众多的海洋生物因为海水的污染而遭受难以估量的损失。海洋污染中除了有固体垃圾污染，还有化工污染和石油污染等，尤以石油污染的破坏性大。一次小小的漏油事故就有可能让上万只海鸟丧生。而且，一旦事故发生，有些海洋生物即使想逃生也无处可逃。

生态失衡

含有化学物质的废水被排入海洋后，会改变海水的酸碱性，还会造成某些海域营养过剩。这意味着一部分海洋生物将因环境不适而难以继续生存，而某些海洋生物则会因有利的环境条件迎来繁殖高峰期，呈暴发式增长。这些变化将改变部分海域的生态平衡，使一些海洋生物走向灭亡。更糟糕的是，这很有可能让海洋里的某些物种变异。

破坏　某些海域的污染会使很多鱼类聚集到靠近海岸的地方，无论是海鸟、鲨鱼，还是人类，捕捉它们会容易很多。这将会破坏海洋鱼类的多样性。

捕杀　除了鲸鱼和鲨鱼，海龟、海鸟、海豚等珍稀海洋生物也是人类的捕杀对象，因为它们可以给人类带来巨大的经济利益。

矛盾　很多人认为，海洋生物的保护与渔业的发展是矛盾的，因为人类根本无法平衡二者的关系，但合理的捕捞方式至少可以减少我们对海洋生物的伤害。

我们共同的责任——拯救海洋

石油泄漏、过度捕捞等问题使海洋伤痕累累。为了使海洋焕发出新的活力，世界上很多国家制定了保护海洋的相关法律规定。但是，保护海洋需要社会各界的共同努力，我们应该从自我做起，用实际行动保护海洋。

法律法规

尽管很多国家制定了与海洋保护相关的法律规定，可这些规定尚有不完善之处。另外，对于破坏海洋环境的行为，相关部门的执法力度也不严格。因此，很多不法分子有了可乘之机。所以，进一步完善海洋保护的法律法规以及加强执法力度是改善海洋环境的保证。

监督力量

海洋保护在全民参与的情况下才能取得显著成果，这需要公众提高环保意识，共同监督破坏环境的行为。公众、媒体的监督可以有效防止污水入海等违法行为的发生，对企业经营者起到警示作用。政府应该鼓励媒体以及公众充分行使监督权利，创造良好的监督氛围。

科技水平

科技水平是影响环境污染程度的一个重要因素。在工业生产的过程中，污染物未经有效处理就排放到自然界，有害物质经河流以及大气进入海洋后必然会造成一定程度的海洋污染，甚至会破坏海洋的生态系统。现有条件下，即使一些工业场所安置了环保净化设备，还是会有一部分污染物无法被过滤出来。这就要求我们不断研究和探索，开发新设备，争取把污染程度降到最低。

资金投入

从世界范围来看，发展中国家的环境污染比较严重。这是因为大部分发展中国家不仅缺乏相应的法律法规，环保科技水平也相对落后，环境恶化问题迟迟得不到解决。不过，近几年这种情况得到明显改善，各国不仅在经济上增加了环保投入，还在政策上给予了充分支持，使海洋环境得到有效改善。

酸雾废气净化装置

资源可持续发展

　　海洋资源储量巨大，人们在开发和利用这些资源时稍不注意就会破坏海洋生态的平衡。为了获取经济利益，人们过度开采海洋资源，但是一味地索取只会让海洋面临资源枯竭的命运。海洋资源可持续发展是合理利用海洋资源的科学方式。人们应树立遵循海洋生物生长规律、禁止过度捕捞的观念，努力开发清洁性更高的海洋能源。

生态建设

　　为了有效改善海洋环境，促进海洋生态系统良性循环，人们采取了很多措施，植造红树林就是其中一种。生长在海岸的红树林不仅有防浪护堤的功能，还可以吸收大量重金属、农药成分，起到净化大气、水体、土壤的作用，对海洋环境的保护和恢复具有重要意义。

责任意识

海洋保护与我们每个人息息相关。在日常生活中，我们节约用水，在海滨度假的时候不随意丢垃圾，在家里少用空调等，都会减轻海洋的负担。但是，因为责任意识的缺乏，很多人沉浸在物质条件的享受中，忽视了日常生活习惯给海洋带来的威胁。要拯救海洋，人们需树立起"人人有责"的意识，号召所有人参与进来。

回澜·拾贝

绿色生活　减少碳排放、节约用水、减少海鲜的摄取量、购买无毒产品等行为，有助于缓解全球变暖趋势，也有助于海洋生态环境的改善。

细菌　有些人有到海边遛狗的习惯，可是宠物的粪便含有大量细菌，当这些粪便随海水进入海洋以后，就有可能威胁海洋生物的健康。

废物处理　在处理废弃的机油、油漆等有害物质时，我们要把它们放入专门的投放地，以免这些有毒物质流入大海，对海洋造成化学污染。

 我们共同的使命——保护海洋

海洋是海洋生物生长繁殖的乐园，也是人类巨大的资源宝库。保护海洋是我们义不容辞的责任。为此，人们成立各种组织，举办各种活动，为保护海洋贡献力量。很多国家还制定了相关的公约、法律，规范公众行为，保护海洋环境。

世界海洋保护组织

世界海洋保护组织是全球最大的海洋保护组织，有来自世界各地150多个国家和地区的会员与志愿者，人数超过30万。这个海洋保护组织有专业的海洋科学家、经济学家以及律师，还有众多的海洋保护志愿者。他们用自己满腔的热忱发起了多项海洋保护项目，不断为海洋环境的保护做着努力。

世界海洋日

每年的6月8日是世界海洋日。2009年，首个世界海洋日的主题被确定为"我们的海洋，我们的责任"。联合国这样做的目的是呼吁世界各国人民加入保护海洋的行动中来。人类的过度破坏给海洋造成了巨大伤害，我们每个人都有义务保护海洋环境，珍惜海洋资源。

我们的海洋 我们的责任
WO MEN DE HAI YANG　　WO MEN DE ZE REN

6.8 世界海洋日

世界海事日

　　世界海事日是由国际海事组织确定的节日，定在每年9月的最后一周，不过具体日期是由各个国家自行决定的。虽然各个国家确定的日期不同，但国际海事组织希望借此节日引起人们对海洋环境、海事安全的重视。在每年的世界海事日，很多国家会举行不同的庆祝活动，这期间会有多种关于海洋环境保护的宣传活动。

海事局工作人员正在进行海洋环境保护宣传活动

《防止海洋石油污染国际公约》

　　1954年，第一次防止海洋污染的国际外交会议在英国伦敦举行，并通过了《防止海洋石油污染国际公约》。这项公约得到相关国家的普遍承认，成为有关环境保护的第一个多边公约。也是从这时开始，海洋环境污染问题引起世界相关国家和国际组织的广泛关注，全世界为了保护海洋开始积极行动起来。

《联合国海洋法公约》

　　为了加强海洋的资源、环境保护，联合国主持制定的《联合国海洋法公约》于1982年的第三次联合国海洋法会议最后会议上通过，于1994年正式生效。这项公约是迄今为止最全面的国际海洋法律制度，内容包括海洋环境保护与安全。这项公约的通过标志着世界海洋秩序进入新阶段，也诠释了新时期各国对海洋保护的深刻使命。

其他国际公约

　　1972年，国际海上倾废会议通过《防止倾倒废物及其他物质污染海洋的公约》。1973年，联合国政府间海事协商组织通过了《国际防止船舶造成污染公约》。此外，针对不同海区的环境情况，很多沿海国家还签署了一些区域性的公约和协议，这些公约和协议是对海洋立法的进一步补充。有了它们，海洋环境得到明显的改善。

中国海洋环境保护

从20世纪70年代开始，中国加入立法保护海洋环境的大军当中，制定了《中华人民共和国防止沿海水域污染暂行规定》《中华人民共和国环境保护法》等法律。这些法律的制定和执行表明中国的海洋保护进入新的阶段。2000年4月，《中华人民共和国海洋环境保护法》正式施行，在保护和改善海洋环境、保护海洋资源、防止污染损害等方面都作了相关规定，对海洋保护起到了积极的作用。

海洋特别保护区

对于那些具有特殊地理条件、生态系统、生物与非生物资源的区域，中国设立了海洋特别保护区。截至2019年，中国已有国家级的海洋特别保护区71处。此外，中国还有很多非国家级的海洋特别保护区。

民间公益海洋保护组织

与很多国家一样，中国也有专门从事海洋保护的民间公益组织。这些组织是民间海洋环境保护的良好平台，也是加强人们海洋环境保护意识的情感纽带。它们经常开展公益宣传、环保调查、专题项目、对外交流的活动，希望通过这些活动引起社会各界的关注，从而让人们树立保护海洋的观念。

环保教育

教育是增强公民环保意识的有效方法之一，因此中国各省市的中小学不同程度地开展了"环保知识进课堂"的活动，举办保护海洋的主题班会、演讲比赛，让孩子们学习环保知识，树立保护海洋的意识。学校还经常组织孩子们到海边捡垃圾，让他们以实际行动保护海洋。另外，在居民社区，我们也会看到涉及海洋保护的海报、期刊、条幅等。只要稍微留意，我们就会发现：环保教育就在身边。

国际合作

在国际社会的共同努力下，海洋环境保护虽然取得了一定的成果，但与人类对海洋的破坏程度相比，其成果就显得微不足道。因此，海洋保护任重而道远。只有充分拓宽国际合作渠道，进一步加强国家间、区域间、组织间的沟通与交流，人类才能守护共同的宝库——海洋。

国际海洋科学组织 国际海洋科学组织是在海洋科学方面开展合作活动的两国或多国组织的总称，专门为海洋渔业、区域性海洋测量、区域性海洋资源开发、区域性海洋环境保护等活动提供服务。

使命 防治海洋污染、节约海洋资源不仅是我们需要共同遵守的准则，更是我们的使命。

行动 海洋保护重在行动，只有切实行动起来才能有效改善海洋环境，让海洋恢复洁净，为人类造福。

图书在版编目（CIP）数据

海洋宝库 / 盖广生总主编 . — 青岛：青岛出版社 , 2016.10
（认识海洋丛书）
ISBN 978-7-5552-4676-3

Ⅰ.①海… Ⅱ.①盖… Ⅲ.①海洋资源—普及读物 Ⅳ.① P74-49

中国版本图书馆 CIP 数据核字 (2016) 第 230513 号

HAIYANG BAOKU

书　　名	海洋宝库
总 主 编	盖广生
出版发行	青岛出版社（青岛市崂山区海尔路 182 号）
本社网址	http://www.qdpub.com
邮购电话	0532-68068026
策　　划	张化新
责任编辑	宋来鹏　宋　磊　王春霖
美术编辑	张　晓
装帧设计	央美阳光
制　　版	青岛艺鑫制版印刷有限公司
印　　刷	青岛新华印刷有限公司
出版日期	2019 年 4 月第 2 版　2024 年 3 月第 6 次印刷
开　　本	20 开（889 mm×1194 mm）
印　　张	8
字　　数	160 千
图　　数	180 幅
书　　号	ISBN 978-7-5552-4676-3
定　　价	36.00 元

编校印装质量、盗版监督服务电话：4006532017
本书建议陈列类别：科普／青少年读物